U0213617

GUGUANGGANTAI
HUANJIE
JIAJIE
HUANGGUA
ZIDU ZUOYONG
JILI YANJIU

于威 著

谷胱甘肽缓解嫁接黄瓜

自毒作用机理研究

黄瓜

甘肃科学技术出版社

图书在版编目（ＣＩＰ）数据

谷胱甘肽缓解嫁接黄瓜自毒作用机理研究 / 于威著
. -- 兰州：甘肃科学技术出版社，2022.9
ISBN 978-7-5424-2957-5

Ⅰ.①谷… Ⅱ.①于… Ⅲ.①黄瓜－嫁接－研究
Ⅳ.①S642.204

中国版本图书馆CIP数据核字(2022)第152123号

谷胱甘肽缓解嫁接黄瓜自毒作用机理研究

于 威 著

责任编辑 史文娟
封面设计 史春燕

出 版 甘肃科学技术出版社
社 址 兰州市城关区曹家巷1号 730030
电 话 0931-2131570(编辑部) 0931-8773237(发行部)

发 行 甘肃科学技术出版社 印 刷 甘肃新华印刷厂
开 本 880毫米×1230毫米 1/32 印 张 5.75 字 数 106千
版 次 2022年9月第1版
印 次 2022年9月第1次印刷
书 号 ISBN 978-7-5424-2957-5 定 价 26.00元

前　言

　　随着现代农业的兴起，日光温室嫁接黄瓜种植面积逐年增加。但是，由于各地追求连片种植、规模经营，日光温室嫁接黄瓜连作现象较为普遍，出现了病虫害加重、果实品质降低、产量下降等连作障碍问题，这些已成为制约日光温室黄瓜生产可持续发展的瓶颈。自毒作用是导致作物产生连作障碍的主要因子之一，然而自毒作用普遍存在于设施蔬菜栽培中。因此，探究日光温室嫁接黄瓜自毒作用以及自毒消减技术对防治其连作障碍有着重要的理论和实践意义。本书以"津研4号"黄瓜、云南黑籽南瓜和以"津研4号"黄瓜为接穗，云南黑籽南瓜为砧木的嫁接黄瓜为供试材料，以连作18年日光温室嫁接黄瓜土壤浸提液模拟自毒物质，验证连作嫁接黄瓜自毒作用的存在，并分离鉴定土壤中化感物质优势组分。在此基础上，研究谷胱甘肽对嫁接黄瓜及砧穗自毒作用的缓解效应。

　　本书共分四章。第一章为绪论部分，重点叙述了国内外相关科学技术成果，简要说明该研究的目的意义、研究内容和技术路线；第二章通过连作嫁接黄瓜根际土壤化感物质的分离与鉴定，分析出化感物质的优势组分；第三章主要从种子萌发、根系生长、幼苗形态、光合参数、叶绿素荧光等方面论述外源谷胱甘肽对自毒作用下嫁接黄瓜及砧穗的影响。验证了连作嫁接黄瓜存在自毒作用的同时，得出了适宜浓度的外源谷胱甘肽对嫁接黄瓜及砧穗自毒作用具有一定的缓解效应；第四章总结了本书的主要研究成果，对于未尽全面和尚待进一步研究的问题作了适当介绍。期望本书的研究方法和结论能够给从事相关研究的您带来帮助，或者至少为您日后进行相关内容的研究提供一些思路。

本书在编写过程中，兰州市农业科技研究推广中心和甘肃农业大学的有关同志提出了许多宝贵建议，在此一并致谢。鉴于科学技术发展迅速和科研水平有限，难免存在不够完善和阐述不妥的地方，希望通过学术交流，对本书提出宝贵意见，以便今后充实和提高。

目　录

第一章　绪　论

从20世纪80年代开始，日光温室在我国北方地区迅速发展，其较低的建造、运行成本有效地解决了北方地区冬季蔬菜供应问题，同时使农民收入得到增加，农业产业结构调整速度得到提升。伴随着日光温室建造面积迅速扩大，各地区发展"特色产业"和"一村一品"，使得作物倒茬困难，导致地上部淋溶、根系分泌物和作物残茬腐解物逐年累积，固氮菌、根瘤菌、光合菌、放线菌、硝化细菌、氨化细菌、菌根真菌等有益微生物的生长繁殖受到抑制，有害微生物大量滋生，土壤的微生物区系发生变化。特别是复种指数较高的保护地蔬菜，在保护地中病虫害源不断积累，导致土传病害发生较重，而且发现很多新的病原菌导致的病害发生。另外，土壤次生盐渍化加重，形成了"用药不治病"的现象，严重影响蔬菜的产量和品质。

第一节　国内外相关研究综述

一、谷胱甘肽分布及性质

谷胱甘肽(glutathione, GSH)被称为"抗氧化物之王"。它存在于所有动植物及微生物的细胞中[1]，其中在动物细胞中含量较高，在植物细胞中含量较低[2]，人体血液中GSH浓度较高(37.1 $mg \cdot L^{-1}$)[3]，红细胞中GSH为70 mg/100红细胞，而且几乎全部是还原型[4]。拟南芥根毛表皮细胞和基细胞胞质分别含144$\mu mol \cdot L^{-1}$和80 $\mu mol \cdot L^{-1}$，烟草叶肉细胞胞质浓度达60 $\mu mol \cdot L^{-1}$[5]。谷胱甘肽在1921年由Hopkins最早发现并予以命名[6]，1930年GSH的化学结构得到确证，其分子量为307.33，是柱状无色透明的晶体，由三肽组成(谷氨酸、半胱氨酸、甘氨酸)，其熔点和等电点分别为189~193℃和5.93[7]。谷胱甘肽固体较为稳定，其水溶液在空气中易被氧化，在0.3 以下的水分活度下才能长期稳定保存[8]。谷胱甘肽N末端有一种特殊的结构，是由谷氨酸的γ羧基、半胱氨酸的氨基构成，它能够使GSH在细胞内保持稳定状态[9]，只有质膜外γ-GTP才能将其清除[10]。

谷胱甘肽分为氧化型(GSSG)和还原型(GSH)。正常情况下，大多数生物细胞中GSH 与GSSG 的比例为100:1[11]。1888年法国科学家

Rey-pahlade首次从酵母菌中分离出GSH，到1935年出现了人工合成的GSH[12]。1938年发表了用酵母制造GSH专利[13]。GSH 是植物中含量最丰富的含巯基的低分子肽[14],它能够有效清除生物体内自由基,提高生物自身抗性,减轻有毒物质产生的毒害作用[15]。GSH在不同物种、同一植物不同组织、同一组织不同细胞中产生的速率不尽相同,说明谷胱甘肽是不均匀地分布在细胞中,如植物细胞内GSH的大部分(90%)分布在细胞质中[16],少部分(<10%)分布于线粒体,极少部分存在于内质网 [14]。

二、谷胱甘肽的测定方法

目前比较常用的谷胱甘肽含量测定方法有:分光光度法、荧光法、色谱法、毛细管电泳法、酶循环法等[17],然而,不同的方法有不同的优缺点。下面介绍比较常用的几种方法。

（一）分光光度法

分光光度法（spectrophotometry）是应用最早、可操作性强、应用成本较低、灵敏度相对较高的测定方法,原理是利用物质的吸光度不同,对待测物质进行定性、定量分析[18]。郭黎平[19]等发现在测定谷胱甘肽含量过程中，乙醇能够增加其检测的敏感度（检测限2.0 $\mu g \cdot mL^{-1}$,线性范围为2.0~24 $\mu g \cdot mL^{-1}$）。赵旭东[20]等利用甲醛、GSH二者与含巯基物质的反应速率不同，反应时间也不相同,GSH含量便通过二者吸收度差值来确定（线性范围0.19~0.95 $g \cdot L^{-1}$，回收率96.7%,误差<0.5%）。廖飞[21]等提出采用紫外吸收碘量法测定谷胱

甘肽的含量。杜丽平[22]等研究发现,四氧嘧啶可以用来测定面包酵母(BY-14)发酵过程中产生的GSH。张小勇[23]等用同步衍生化法测定龙葵中GSH和总巯基(-SH)含量。朱亚玲[24]等改进通常的植物样品前处理模式,利用含巯基衍生化试剂 DTNB 测定枸杞中的GSH。但在试剂筛选过程中发现,四氧嘧啶、2-硝基苯甲酸有局限性,对GSH没有专一性[25]。

(二)荧光法

荧光法(fluorescence method, FM)是利用待测样品接受紫外光照射后产生的荧光,对其进行定性或定量分析的方法[26]。曹新志[27]等采用邻苯二甲醛(o-phthalaldehyde, OPA)作为测定黄瓜GSH含量的络合剂（检测限0.1 $\mu g \cdot mL^{-1}$, 线性范围0.1~40 $\mu g \cdot mL^{-1}$, 回收率99.73%, RSD 1.24%）。Hissin[28]等利用荧光剂(OPA)测定哺乳动物心脏、肝脏中GSH含量(检测限0.05 $\mu mol \cdot mL^{-1}$,线性范围0.05~0.8 $\mu mol \cdot mL^{-1}$, RSD 4%)。牛淑妍[29]等发现1,8-蒽二磺酰胺-Hg^{2+}体系可用来快速检测GSH含量(检测限4.16×10^{-6} $mol \cdot L^{-1}$)。张建莹[30]等研究发现,Zn^{2+}可以作为荧光增强剂,用于快速测定GSH含量(检测限1.1×10^{-8} $mol \cdot L^{-1}$)。荧光法是一种可操作性强、灵敏度较高、检测速度快,但误差相对较大的测定方法[25]。

(三)高效液相色谱法

高效液相色谱法（high performance liquid chromatography, HPLC）是将待测样品注入到带有不同极性溶剂的色谱柱中，由于待测样各组分溶解度不同,在样品组分分离后,注入检测器进行检测,该方法是色谱法的重要分支之一[31]。Asensi[32]等研究发现,采用紫外–可见检测器检测大豆中GSH含量时,流动相可用甲醇–水(检测限1 nmol·L^{-1}, RSD 1.5%)。程敬君[33]等采用KCl溶液–HCl溶液–甲醇–EDTA为流动相,采用电化学检测器,测定鼠脑微透析液中GSH的含量(检测限10 nmol·L^{-1},回收率87.3%,RSD 1.8%)。Brent[34]等采用荧光检测器,以甲醇–乙酸钠溶液(pH=7)作为流动相,测定GSH含量(检测限0.1 pmol·L^{-1}, 线性范围0.1~200 pmol·L^{-1}, 回收率99.2%,RSD 1.2%)。王爱月[35]等采用紫外检测器,以磷酸二氢钠、辛烷磺酸钠、乙腈作为流动相,测定混合组分(保健食品)中GSH含量(检测限0.125 μg·mL^{-1})。该方法线性范围较宽并具有较高的稳定性,适宜测定混合组分中GSH含量[36]。但此方法存在相应不足,操作复杂并耗时、灵敏度低(样品GSH含量需高于50 μmol·L^{-1})[25]。

(四)高效毛细管电泳法

高效毛细管电泳法(high performance capillary electroporesis, HPCE)是利用样品组分淌度和分配不同,在高压电场的驱动下通过毛细管,最终实现组分分离的一种方法[37]。Frassanito[38]等采用紫外–可见检测器,选择HPCE来测定生物待测样品中GSH含量(检测限0.2 μg·mL^{-1}, 线性范围0.2~100 μg·mL^{-1}, RSD 1%)。Thomas [39]用HPCE方法测定鼠脑组织中GSH的含量 (检测限为0.53 fmol·L^{-1}, RSD为2.1%)。黄颖[40]等研究发现,检测果蔬中GSH含量,可用涂有磷酸盐缓冲溶液(0.04 mol·L^{-1})的石英毛细管作为分离通道。刘开敏[41]等发现在检测鸡、猪肝脏中GSH含量时,磷酸盐缓冲液浓度为0.07

mol·L^{-1}(检测限1.6×10^{-6} mol·L^{-1},线性范围5.0×10^{-6}~1.0×10^{-3} mol·L^{-1})。此方法操作简单,具有较高的稳定性和可靠性,适于混合组分中GSH含量的测定[36]。但灵敏度低(GSH含量高于50 μmol·L^{-1}),样品前处理步骤繁多 [25]。

(五)酶循环法

酶循环法(enzymatic cycling methods, ECM)是利用谷胱甘肽还原酶(GR)将谷胱甘肽还原成硫醇型谷胱甘肽,并采用分光光度计测定GSH含量的一种检测方法[42]。Mourad[43]等为了提高检测氧化型谷胱甘肽(GSSG)的灵敏度,将生物发光检测技术和ECM相结合。Baker[44]将酶循环法与微量滴定板技术结合在一起,研究出检测速度快、灵敏度高、操作简单易行的测定大数量生物样本中GSH、GSSG含量的方法。酶循环法优点在于该方法灵敏度相对较高(检测限0.1 μmol·L^{-1}),缺点在于该方法需要快速制备样品,防止GSH氧化,并且只能测定谷胱甘肽总量。

三、谷胱甘肽的合成、转运、降解

(一)谷胱甘肽的合成

谷胱甘肽合成的步骤为:①在谷氨酰半胱氨酸合成酶作用下,L–谷氨酸与L–半胱氨酸合成谷氨酰半胱氨酸;②甘氨酸由谷胱甘肽合成酶催化,在ATP的参与下与谷氨酰半胱氨酸的半胱氨酸残基结合成谷胱甘肽[16,45]。(见图1–1)

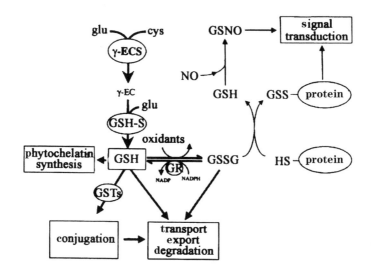

图1-1 植物细胞中谷胱甘肽生物合成及相互作用的过程

EC：谷氨酰半胱氨酸；ECS：谷氨酰半胱氨酸合成酶；GR：谷胱甘肽还原酶；GSH：还原型谷胱甘肽；GSSG：谷胱甘肽二硫化物；GSH-S：谷胱甘肽合成酶；GSTs：谷胱甘肽转硫酶。

(二)谷胱甘肽的转运

由于GSH在植物不同组织、同一组织不同细胞产生的速率不同，因此GSH需要在不同细胞、同一细胞不同区间进行转运。第一个谷胱甘肽转运蛋白是从酵母中分离出来的[46]。植物谷胱甘肽转运蛋白基因被成功克隆、鉴定后[47,48]，由此发现植物细胞内的谷胱甘肽跨膜转运系统存在特异性。谷胱甘肽转运蛋白除了运输GSH外，还能够调节细胞区室中GSH浓度及氧化还原状态的平衡，因此谷胱甘肽转运蛋对细胞不同区室的GSH合成、氧化还原循环、过氧化物分解等方面起到协同作用[49]。20世纪70年代，人们发现 GSH和其他任何肽一样，可以在植物细胞内外交换，并且存在一个专一的转运体系[50,51]，因此细胞内GSH的平衡是通过GSH在细胞器和胞质间转运来维持的。叶绿体不仅可以自己合成还可以吸收GSH，这对稳定叶绿体膜两侧总GSH库起着至关重要的作用[52]。

（三）谷胱甘肽的降解

植物的谷胱甘肽降解途径尚未研究透彻，其降解途径可能有三种：①谷胱甘肽和谷胱甘肽结合物（GS-x）在液泡羧肽酶的作用下脱掉甘氨酸；②谷胱甘肽在γ-谷氨酰转肽酶催化下将谷氨酸转移，形成γ-谷氨酰循环的潜在底物；③谷胱甘肽在γ-谷氨酰转肽酶的作用下分解成二肽半胱氨酰甘氨酸，然后在二肽酶的催化下分解为游离氨基酸[53]。

四、谷胱甘肽的功能及保护机制

（一）谷胱甘肽的生理功能

谷胱甘肽对于植物抗逆境胁迫起着十分重要的作用。谷胱甘肽是植物体内广泛存在的防御自由基的含巯基的还原物质，其主要的生理功能有以下几种：①可以还原、储存、运输植物细胞的硫，平衡、调节硫的存在形式和在器官内的分布；②调控植物体内防御基因的应答；③谷胱甘肽可以与植物过量重金属离子结合形成螯合肽，用于缓解重金属毒害；④谷胱甘肽是谷胱甘肽S-转移酶（GSTs）的底物；⑤调节、平衡植物细胞的氧化还原环境[54]；⑥植物体内多种化合物、药、激素代谢需要谷胱甘肽参与；⑦谷胱甘肽可以储存、运输半胱氨酸;⑧参与大分子物质(DNA、RNA、蛋白质等)的合成;⑨对植物体内和外源毒性物质具有解毒作用;⑩谷胱甘肽可以清除植物细胞的自由基,使蛋白质和脂质等结构免受自由基攻击,起到抗氧化的作用;⑪在逆境条件下,谷胱甘肽可能有传导信号的作用[46,55-57]。

(二)谷胱甘肽对植物的保护机制

1.清除植物细胞内的自由基

在生物体系中,电子转移是一个基本的变化。氧分子可以通过单电子接受反应直接或间接地由分子氧转化成性质活泼的超氧阴离子自由基、羟自由基、脂氧自由基、二氧化氮和一氧化氮自由基,加上过氧化氢、单线态氧和臭氧, 总称为活性氧或氧自由基(reactive oxygen species, ROS)[58,59]。ROS在正常环境中会保持较低的水平, 在这种水平下对细胞不会造成任何伤害, 当植物处于旱涝、高低温、盐及重金属胁迫下,ROS含量会急剧增加,并且攻击蛋白质和膜脂等细胞组分,使这些组分遭到伤害[60]。因此需要及时清除过量的ROS,否则生物大分子物质(蛋白质、核酸、脂质)等会被氧化,加速机体衰老,严重时会导致细胞死亡[61]。

GSH主要通过两种途径清除植物体内ROS,即直接和间接与自由基反应。间接清除自由基是在过氧化物酶和谷胱甘肽还原酶系共同作用下,谷胱甘肽阻断新自由基产生,抑制脂质过氧化的启动和脂质过氧化发展。直接清除自由基是在谷胱甘肽过氧化物酶作用下其自身发生氧化来抑制自由基生成。谷胱甘肽可通过还原脂类自由基和脂过氧自由基阻断脂质过氧化反应。植物体内还可以通过抗氧化系统来清除ROS：一是酶保护系统，主要是由适应逆境胁迫的酶组成，如超氧化物歧化酶、过氧化物酶、过氧化氢酶等；二是谷胱甘肽抗氧化系统，主要由谷胱甘肽、谷胱甘肽还原酶和谷胱甘肽过氧化物酶组成，在过氧化物酶和还原酶系统的作用下，谷胱甘肽可以减轻自由基对脂质的氧化，进而保护细胞膜免受自由基的攻击[62]。

抗坏血酸-谷胱甘肽循环系统（ascorbate-glutathione cycle）是由抗坏血酸过氧化物酶（APX）、单脱氢抗坏血酸还原酶（MDHAR）、脱氢抗坏血酸还原酶（DHAR）、谷胱甘肽还原酶（GR）催化，谷胱甘肽作为电子受体，经还原生成抗坏血酸（AsA）的清除植物体内自由基的重要途径之一[63]。在植物抗逆境胁迫中，抗坏血酸-谷胱甘肽循环（AsA-GSH）中的谷胱甘肽被用于还原脱氢抗坏血酸[64]。AsA-GSH循环中存在三个相互关联的氧化还原对，即抗坏血酸/脱氢抗坏血酸（AsA/DHA）、烟酰胺腺嘌呤二核苷酸磷酸/氧化型烟酰胺腺嘌呤二核苷酸磷酸（NADPH/NADP），而还原型谷胱甘肽/氧化型谷胱甘肽（GSH/GSSG）是氧化还原的接收器，能够上调某些生理机制，可以利用AsA/DHA、GSH/GSSG、NADPH/NADP库的紧密协调来抵抗环境胁迫，调节硫醇/二硫化物的平衡，有利于细胞的代谢和基因的表达[16,65]。在正常生理环境下，NADPH存在时，GSSG可在GR的作用下还原再循环为GSH；在胁迫环境下，GSH可将ROS还原，GSH自身被氧化为GSSG[66]，这种氧化还原状态的切换能够令许多酶和对氧化还原比较敏感的转录因子活化[67]。因此,胞内 GSSG 浓度已经被作为氧化胁迫程度的指标,而 GSH/GSSG 比率反映了胞内氧化还原状态。植物抵抗环境胁迫能力的提高是通过GSH与GSSG之间相互协同将GSSG转化为GSH来完成,并且细胞氧化还原的调节能力是由细胞内GSH与GSSG的含量和 GSH/GSSG 的比值决定的,当细胞主要靠GSH清除自由基时,GSH/GSSG 的比值要大于50:1,GSSG和GSH绝对浓度与自由基清除量呈正相关[68],因此蛋白质功能的发挥主要依靠巯基氧化还原态的转化来实现。试验已证明,半胱氨酸残基上巯基的氧化还原状态可以调节某些转录因子脱氧核苷酸的结合能力,因此谷胱甘肽可能参与调节胁迫响应基因的表达[69]。

江力[70]等研究烟草叶片发育过程中H_2O_2积累以及抗坏血酸-谷胱甘肽循环清除 H_2O_2能力的变化发现抗坏血酸-谷胱甘肽循环系统的H_2O_2运行与代谢存在相关性。Ca^{2+}胁迫下,黄瓜根部抗坏血酸、谷胱甘肽及AsA-GSH循环中抗氧化酶活性均显著降低,施加外源褪黑激素、2,4-表油菜素内酯处理可以提高细胞抗坏血酸和谷胱甘肽含量,降低AsA/GSH和GSH/GSSG的比值[71]。枇杷幼果和小白菜叶绿体中的自由基主要也是通过AsA-GSH循环系统来清除的[72,73]。小麦在干旱胁迫下抗坏血酸与谷胱甘肽含量显著增加[74]。小麦和水稻在重度干旱胁迫下叶片中抗坏血酸含量显著降低,AsA-GSH循环负责清除H_2O_2。适当的胁迫条件刺激下植物AsA-GSH循环中酶活性升高 [75]。王俊力 [76] 等研究得出,在O_3胁迫初期,SOD、APX、

MDHAR、DHAR、GR 活性增加,抗氧化水平升高。随着处理时间延长,酶活性受到抑制,植物自身保护能力降低,脂膜系统受到活性氧攻击,细胞膜加速过氧化,导致植物受到逆境伤害。郭丽红[77]等试验表明,冷激处理可以使小麦幼苗细胞内还原状态的AsA和GSH含量明显增加,使低温胁迫所产生的活性氧得到有效清除,从而提高小麦幼苗的抗冷性。

2.可与有毒重金属离子/化合物结合形成无毒物质

谷胱甘肽是植物细胞内的重要解毒物质。Dixon[78]研究发现,谷胱甘肽分子中存在着强亲核能力的巯基,可有效降低有毒物质的亲电极性,从而减弱有毒物质毒性。在重金属胁迫时,谷胱甘肽对金属离子有很强的亲和力,在螯合肽合成酶(PCS)催化下结合入侵的有毒重金属离子(化合物)形成植物螯合肽的无毒化合物[79],然后这些螯合肽的无毒化合物被转运到液泡,在相关酶的作用下排出细胞外,有效降低了细胞内重金属离子的含量,防止了对金属离子相对敏感的酶变性失活,起到缓解重金属毒害的作用[80]。PCS的合成主要受谷胱甘肽的供应和激活调控。由于PCS利用谷胱甘肽半胱氨酸残基上的巯基来合成,因此当金属离子与谷胱甘肽结合后,可使PCS活性增强。在重金属胁迫下,植物根部的PCS在短时间内大量积累,谷胱甘肽急剧下降[81]。亲电子物质在谷胱甘肽作用下进行亲核取代,一类是非酶促自然结合(无需酶催化),一类是酶促结合反应。ROS被GSH还原,将GSH氧化成GSSG;在谷胱甘肽还原酶(GR)作用下,GSSG被还原成GSH,GSH与GSSG的相互转化能够维持ROS

在安全水平内,保障了细胞不受ROS的侵害。谷胱甘肽过氧化物酶(GPx)和谷胱甘肽转硫酶(GSTs)是谷胱甘肽解毒作用中重要的两种酶。谷胱甘肽过氧化物酶存在于真核细胞的细胞液和线粒体中,谷胱甘肽转硫酶主要存在于植物细胞液中,前者解毒功能是通过将H_2O_2还原为H_2O完成的,后者主要是催化谷胱甘肽和有毒物质结合,从而起到解毒的作用[79]。

卢龙斗[82]等探讨了重金属Zn、Cd对红花组织中GSH含量的影响。试验表明在一定浓度下,Zn、Cd均能促进和调节GSH的形成。Semane[83]等研究发现,在Cd处理后,拟南芥PCS、GSH含量、GSSG/GSH比值升高,抗氧化酶活性增加,说明在Cd胁迫下拟南芥氧化应激增加。烟草中PCS1的过度表达可以增强Cu、Cd、Pb、Zn在植物中的积累[84]。但是,PCS过表达不总是有益的,PCS转录水平最高的转基因拟南芥和油菜(芥菜型)植株对Cd敏感,而中度过度表达的植株相对耐性较强[85]。

五、谷胱甘肽合成代谢相关酶

(一)谷胱甘肽过氧化物酶(GSH-Px或GPx)

谷胱甘肽过氧化物酶(glutathione peroxiduse, GSH-Px/GPx)主要存在于真核细胞的液泡和线粒体中,在谷胱甘肽过氧化物酶的作用下,谷胱甘肽通过接受H_2O_2电子发生自身氧化来阻断·OH的生成[86,87]。谷胱甘肽过氧化物酶存在含硒型和不含硒型两种,硒半胱氨酸是含硒型谷胱甘肽过氧化物酶的活性中心,在它的催化下可将GSH氧化成GSSG，将H_2O_2还原成H_2O，在缺硒的情况下会导致该酶的活性降低；不含硒型谷胱甘肽过氧化物酶的活性不受硒的影响，但是对H_2O_2的还原能力比较弱，只对氢的有机化合物存在一定还原性。当植物处于重金属胁迫状态下，细胞内的 ROS 含量便会增加。通常情况下，细胞能够耐受轻度氧化，然而重度氧化能够引起脂质和蛋白质等生物大分子损伤，使细胞内游离的钙离子和铁离子含量增高，导致细胞坏死。因此依赖GPx和GR系统抑制脂质的过氧化作用来保护细胞[88]。谷胱甘肽过氧化物酶是动物体内清除氧自由基的主要酶类。在环境胁迫下，植物谷胱甘肽过氧化物酶（GPx）是利用硫氧还蛋白（Trx）作为电子受体进行GPx的表达，为非组成性表达[50,89]。在胁迫下，过量GPXs表达的转基因番茄抗氧化能力增强，种子萌发率和幼苗生长状况均有较大程度的改善[50]。在酵母中 GST/GPX的表达能够抑制哺乳动物促凋亡蛋白（Bax）的生成，同时增强对H_2O_2胁迫的抗性[90]。

（二）谷胱甘肽转硫酶（GSTs）

植物中谷胱甘肽转硫酶（glutathione S-transferases, GSTs）的主要功能是用于解除外界毒素或内源有毒代谢物的侵害，以及在植物初级代谢、二级代谢、植物对胁迫耐受、细胞信号等方面行使功能。GSTs主要在细胞液中表达。GSTs 能催化还原型谷胱甘肽（GSH）的巯基与多种亲电、亲脂底物的结合，GSTs的催化机理是促使 GSH 与2,4－二硝基氯苯结合生成 S-2,4－二硝基苯谷胱甘肽，保护DNA及一些蛋白质免受损伤。同时 GSTs可以与一些难溶于水或疏水性强的外源及内源物质结合,形成易溶于水的极性较强的产物排出体外,从而降低底物的毒性。同时GSTs还能解除某些羟基过氧化物的毒性,因此还具有了过氧化物酶的性质[88,89]。GSTs对植物的内源及异源物质代谢具有一定作用。GSTs已从玉米[93]、烟草[94]、大麦[95]、银杏[96]、黄柏[97]、小麦[98]、大豆[99]、水稻[100]、碱蓬[101]等多种植物中得到克隆和鉴定。Dixon[78]等研究发现,西芹中黄酮生物合成酶基因的表达依赖GSH和特异的谷胱甘肽转硫酶(τGST)的表达,说明τGST在植物的胁迫耐性方面能够起到细胞信号的作用。研究发现谷氧还蛋白(Grx)和GSTs依赖谷胱甘肽的蛋白转录上调,说明GR1基因对细胞内过氧化氢代谢有特定的作用[102]。GST在烟草、番茄等植物过量表达使GST/GPX的转基因烟草和番茄提高了抗逆能力[92,103],携带棉花GST的转基因烟草也增强了对氧化胁迫的抗性[104]。

(三)超氧化物歧化酶(SOD)

超氧化物歧化酶(superoxide dismutase, SOD)在植物细胞内能够催化生物体内·O^{2-}发生歧化反应生成H_2O_2,然而H_2O_2可以被CAT、POD和AsA-GSH循环系统协同清除,分解H_2O_2为H_2O和O_2[105],从而起到清除活性氧,保护和稳定生物膜,防止活性氧对细胞膜系统造成伤害,因此SOD是阻碍超氧物阴离子转化成过氧化氢的第一道防线[106]。在植物界SOD是普遍存在的类型多样的含金属的抗氧化酶。SOD在植物中可分为Mn-SOD、Cu/Zn-SOD、Fe-SOD三种类型。低等植物多以Fe-SOD和Mn-SOD形式存在,高等植物以Cu/Zn-SOD形式存在。植物细胞所有能够产生活性氧的亚细胞结构中均有SOD的存在，并且其存在形式和酶活性在不同植物或同一细胞不同亚细胞结构中存在差异。SOD首先在玉米中被发现，并存在6种同工酶[107]。有研究结果表明，过量表达SOD基因的转基因烟草作物，APX活性和mRNA量提高3~4倍，而且只有当其他重要抗氧化物质同时处于高水平状态时，作物的氧化胁迫耐性才能得到提高[108]，因为胁迫耐性是由多基因控制，SOD基因的异常表达可能会引起胁迫耐性相关酶类基因表达的级联反应[109]。因此SOD对植物抗氧化胁迫的耐性起着至关重要的作用。另外有研究发现，在0℃和暗储藏3d的条件下，番茄叶片检出SOD活性为0；黄瓜子叶在−3~3℃条件下，其SOD活性下降11.57%~21.65%；水稻叶片在5℃条件下，其SOD活性下降10%~30%。因此，低温能够增加植物体内活性氧的含量，降低SOD的活性，增强膜脂过氧化作用[110]。

（四）过氧化物酶（POD）

POD是一族能利用H_2O_2作氧化供氢体，对H_2O_2要求非常专一，并且对供氢体要求较为广泛的氧化还原酶。酚类化合物、胺类化合物、吲哚乙酸（IAA）、抗坏血酸（AsA）、细胞色素 C及某些杂环化合物和无机离子均能够作为 POD的供氢体。由于POD具备了其他单一酶所不具有的底物多样性的特点，并且与 IAA、细胞色素 C、酚类的氧化有关，在许多代谢反应中起到重要作用。庞金安[111]等认为，叶绿素含量降低至少部分是由 POD催化进行的。许多研究表明，POD与植物的生长、发育、抗性（病、寒、旱、衰老）等有着密切关系，并能够催化有毒物质过氧化，进而避免植物遭受毒害或缓解毒害作用[112]。曹锡清[113]等研究发现,POD是组成膜脂过氧化防御系统的重要部分,在逆境胁迫下可以清除植物体内的H_2O_2,平衡活性氧代谢和保护膜结构完整性,使得植物能够在一定程度上忍耐、缓解和抵抗逆境胁迫。在低温胁迫下,黄瓜幼苗的过氧化物酶活性保持高水平,减轻了低温对幼苗的伤害。有研究发现,经低浓度的重金属离子处理后,在种子萌发初期可以暂时提高种子淀粉酶、蛋白酶、脂肪酶活性,并且可以促进为种子萌发提供能量的胚乳分解,提高种子萌发速度,增强植物体内SOD和POD活性,以清除细胞内过多的ROS,减轻活性氧对细胞的伤害。虽然低浓度的重金属离子能够在一定程度上提高种子活力,但由于其本身具有毒性,持续积累同样可以使植物遭受重金属胁迫[114,115]。在重金属胁迫下,种子萌发、幼苗地上和地下部分生长受到抑制,叶绿素合成减慢并且含量降低,光合作用表现较为敏感[116],细胞内SOD、POD、CAT等保护酶出现变化[117]。郑光华[118]等研究发现,在-3℃冰冻条件下将干种子贮藏1个月,73%的种子能够忍耐,浸种处理后可以正常萌发。并且通过淀粉平板电泳测定发现,经低温锻炼后,种子中POD同工酶活性得到明显加强,阴极部位个别酶带显著增强。

(五)过氧化氢酶(CAT)

过氧化氢酶(catalase, CAT)是植物生命活动特别是抗逆不可缺少的抗氧化酶,过氧化氢酶主要存在于植物过氧化物酶体与乙醛酸循环体中,在氧化胁迫下对维持细胞内的氧化还原平衡至关重要。CAT可催化H_2O_2形成H_2O和O_2,转变为活性较低的物质,使机体受到保护[110,116]，它与APX一样都是清除H_2O_2的主要酶类。CAT能够与SOD偶联，彻底清除植物体内$\cdot O^{2-}$及H_2O_2。抵抗植物氧化胁迫必须维持高水平的CAT活性，植物叶绿体内转入大肠杆菌CAT基因，其表达可以增强植物对光、干旱、除草剂等诱导的氧化胁迫抗性[120,121]。向烟草转入玉米CAT2基因也减轻了因除草剂引起的伤害[122]。

（六）谷胱甘肽还原酶（GR）

GR在抗坏血酸-谷胱甘肽循环中可以催化还原GSSG生成GSH，这个不可逆的反应维持了植物GSH库的含量，保证了还原状态的细胞内环境。因此GR是植物GSH代谢系统中的一个重要的酶，在植物生长、发育和抗性生理等方面发挥着重要的作用[123、124]。在逆境胁迫下，GR能够参与清除活性氧自由基，维持植物的正常生长发育，还能够与抗氧化酶系统相互作用，共同清除体内多余的活性氧自由基[125]。截至目前，GR已从拟南芥[126]、大豆[127]、水稻[128]、芥菜[129]、烟草[130]、蓝细菌[131]、白菜[132]等生物中得到克隆和鉴定。研究表明，GR的过量表达或表达抑制，将分别引起植物GSH水平的升高或降低[49]。盐胁迫下GR活性升高，清除活性氧的能力增强。当活性氧的产量超过抗氧化系统的清除能力，并危及GR活性时，GR活性降低，从而植物受到伤害[133]。在GR过量表达的转基因植物叶片中，AsA具有较高的水平，植物耐受氧化胁迫的能力增强；但GR活性减弱，植物对氧化胁迫的敏感性增强[63]。水稻中胞质GR可以被诱导逐渐表达[128]。另外，GR对光合作用元件可以起到保护作用[134]。在持续低温胁迫下，叶绿体中的GR能够稳定PSⅡ，保证了光合作用电子传递正常进行[135]。

(七)抗坏血酸过氧化物酶(APX)

APX是植物抗坏血酸-谷胱甘肽循环中氧化还原途径的重要组分之一。在叶绿体中APX是清除H_2O_2的关键酶,AsA在APX的催化下与H_2O_2发生氧化还原反应生成DHA[136]。APX对H_2O_2的亲和性比CAT和POD更高,在减轻氧化胁迫或调控ROS信号过程中可能有更重要的作用。研究发现,植物的APX活性比其他生物APX和SOD活性叠加还要高,但其他生物的APX活性有更好的抗氧化耐性,因此推断APX活性存在一个限值,高于该限值可以提高植物胁迫耐性,但过高的活性并不能增强耐性[137]。

(八)单脱氢抗坏血酸还原酶(MDHAR)与脱氢抗坏血酸还原酶(DHAR)

单脱氢抗坏血酸还原酶(monodehydroascorbate reductase, MDHAR)可以将单脱氢抗坏血酸(MDHA)还原为AsA。豌豆在细胞分化过程中抗坏血酸氧化酶类以不同的方式变化,从分生组织到分化细胞的整个过程中,其AsA含量、APX、MDHAR活性降低,而抗坏血酸氧化酶(AAO)和DHAR活性升高[138]。AsA和GSH都属AsA-GSH循环,在该循环中APX能直接清除H_2O_2[49],MDHAR、DHAR和GR活性及AsA和GSH含量均保持高水平,避免了AsA氧化产物DHA的积累[139、140]。DHA又可以作为电子供体通过GSH循环被还原形成AsA[141、142]。APX能催化AsA与H_2O_2发生氧化还原反应形成DHA[136]。这种反应使得AsA和DHA之间的氧化还原平衡状态被破坏[147]。

六、谷胱甘肽的应用

(一)医学和食品领域的应用

由于GSH是一种十分特殊的氨基酸衍生物,又是含硫的三肽,在生物体内发挥着重要作用,因此在临床上GSH有很多用途:①GSH可作为解毒剂用于丙烯腈、氟化物、CO、重金属、有机溶剂等的中毒治疗;②GSH可作为抗氧化剂来保护细胞膜结构,避免膜脂遭受氧化破坏,防止红细胞溶血和促进高铁血红蛋白还原;③GSH可以保护由放射线、放射性药物、肿瘤药物引起的白细胞减少等症状;④GSH能够抵抗由于乙酰胆碱、胆碱酯酶不平衡导致的过敏;⑤GSH可以缓解由于缺氧血症和肝脏疾病所引起的不适;⑥GSH可改善皮肤老化、减少黑色素形成,提高皮肤抗氧化能力,使皮肤产生光泽;⑦GSH可以有效治疗眼角膜疾病;⑧GSH能够改善性功能,可以抑制艾滋病病毒。随着对GSH研究的不断深入,GSH在临床、医药领域、食品加工工业将会有着广泛的应用。日本等发达国家将GSH作为生物活性添加剂,并作为保健食品积极开发。

在食品加工工业领域,GSH主要用于以下几个方面:①面制品加工:面制品添加GSH可以起到还原并强化氨基酸的作用;②奶制品及婴儿食品加工:在奶制品(酸奶)和儿童食品中添加GSH可起到抗氧化作用,能够增强婴儿食品和奶制品的营养价值;③鱼类和罐头加工:GSH具有抗氧化作用,在鱼类加工时添加适量GSH能够抑制核酸分解,增强食品风味,在水果罐头加工时添加GSH,能够防止水果褐变,保持食品色泽,提高产品品质;④肉制品和干酪等食品加工:此类食品的加工可添加GSH,用于强化食品风味,起到抗氧化的作用。GSH对人体有益,作为食品添加剂要优于其他防腐和抗氧化添加剂。因此,随着我国食品加工业不断发展,GSH将得到广泛应用[144]。

(二)农业领域的应用

华春[145]等研究发现,外源GSH可以提高盐胁迫下水稻叶绿体抗氧化系统中SOD、APX、GR活性,增加AsA、GSH含量,降低H_2O_2和丙二醛(MDA)含量,减轻活性氧对叶绿体膜脂过氧化的水平,缓解盐胁迫对叶绿体膜造成的伤害。刘传平[146]等研究发现,施加20 mg·L^{-1} GSH可以缓解50 μmol·L^{-1} Cd对青菜和大白菜的毒害,同时还可以促进根系伸长生长,降低叶片MDA含量,从而提高叶片叶绿素含量。外源GSH可以缓解东南景天体内游离Zn/Cd造成的毒害[147]。外源GSH可以提高CAT、SOD、POD活性和可溶性蛋白含量,从而有效减缓锌毒害[153]。陈玉胜[148]等研究发现,50 mg·L^{-1}和100 mg·L^{-1}外源GSH可以有效缓解铜对水稻种子萌发产生的毒害作用。2012年陈玉胜[149]研究发现,0.16 mmol·L^{-1}和0.32 mmol·L^{-1}的GSH能够通过提高α-淀粉酶活性和维持细胞膜的完整性来增强大豆种子的萌发能力,从而缓解一定浓度的铜毒害。外源GSH能够显著提高NaCl胁迫下补血草抗氧化系统中SOD、CAT、APX、GR活性和AsA、GSH含量,降低MDA、活性氧含量,降低膜脂过氧化水平,从而缓解盐胁迫给细胞膜带来的伤害[57]。外源GSH能够很好地保护盐胁迫下大麦叶片活性氧清除系统,可以有效缓解盐胁迫对细胞脂膜的伤害,从而提高大麦对盐的耐性[150]。陈大清[151]等研究发现,高温胁迫下,10 μmol·L^{-1}外源GSH浸泡处理离体玉米叶片可以减缓叶绿素和可溶性蛋白质含量的降低,但是抑制POD活性,因此得出外源GSH对高温胁迫下离体玉米叶片起到保护作用。曾韶西[152]等报道,低温胁迫下,黄瓜幼苗经外源GSH预处理后光合速率和荧光效率均显著高于对照。姜玉东[273]的研究结果表明,GSH能够通过提高AsA–GSH循环的抗氧化能力来增强月季切花的失水胁迫耐性。喷施一定浓度的GSH溶液可以缓解高温胁迫对辣椒幼苗叶片中SOD和POD活性的抑制作用[153]。丁继军[154]等试验表明石竹的镉毒害随着外源GSH喷施浓度的增加,缓解效应有下降的趋势,55~65 mg·L^{-1}的外源GSH缓解效果最佳。刘会芳[155]等研究发现,外源GSH有效提高了番茄幼苗细胞活性氧清除能力,显著缓解了NaCl胁迫对番茄幼苗生长的抑制。高伟[156]等研究高温胁迫条件下不同处理对小麦幼苗抗高温胁迫生理特性的影响,明确寡肽GCG的生理活性。结果表明,在高温胁迫条件下,200 μmol·L^{-1}的GSH和GCG处理可使小麦保持较高的相对含水量,降低叶片质膜相对透性和MDA的含量,有利于维持细胞膜的完整性。同时GCG处理可以显著缓解由于高温胁迫诱导的幼苗对二苯基苦基苯肼(DPPH)自由基的清除能力下降,且叶片中抗氧化酶活性也被诱导增强,有利于缓解高温对小麦幼苗的伤害。彭向永[157]等研究了外源GSH对小麦幼苗铜毒害的缓解效应及其与N、P、K等元素积累的相关性。外源GSH促进了植株对铜离子的吸收、转运和积累,而外源和内源GSH均与铜胁迫下小麦幼苗N、S、P等营养元素的积累呈极显著正相关。韩阳[158]等用不同浓度的GSH处理自然老化的小麦种子, 结果表明, 100~500 mg·L^{-1}的GSH能减少膜脂过氧化产物MDA的含量, 同时降低电解质渗透量。GSH 对POD 活性影响较小, 而对 CAT 活性的影响较大, 100~500 mg·L^{-1}的GSH,使 CAT 活性大幅增高。300 mg·L^{-1} GSH处理是减轻老化小麦种子膜脂过氧化的最佳浓度。马艳霞[159]等研究了不同浓度外源GSH对自毒作用下辣椒幼苗叶绿素含量、光合荧光参数的影响。研究发现,自毒作用下外源GSH可以显著提高辣椒幼苗叶片CO_2利用率,缓解自毒物质对辣椒幼苗的非气孔因素伤害。2009年马艳霞等研究了辣椒叶浸提液对辣椒幼苗的生长抑制作用以及加入外源GSH后缓解叶浸提液对辣椒幼苗生长抑制作用的效果, 结果表明50 mg·L^{-1}外源GSH 对两个品种辣椒幼苗的自毒作用缓解效果最佳[160]。

七、自毒作用与连作障碍

(一)连作障碍的概念

公元前300年,连作障碍就已是被人们所认知的古老的普遍存在的农业现象。起初利用嫁接进行植物的营养繁殖,但现代的蔬菜嫁接主要目的是对蔬菜作物进行改良,抵抗连作障碍,从而达到早熟、增产和增收的目的[161]。连作的概念可分为狭义和广义两种。狭义的连作是指在同一块地里连续种植同一种或同一科作物。广义的连作是指连续种植同一种作物(或同一科作物)或感染同一种病原菌(或线虫)的作物。同种作物(或近缘作物)在同一块土壤上连续种植后,即便正常管理也会表现出发育不良、品质变差、易感病虫害,甚至严重减产的现象,这一现象叫做连作障碍[162]。

(二)引起连作障碍的主要原因

作物连作障碍的起因是复杂的,是作物和土壤两个系统中多种因素综合作用所产生的外观表现。连作障碍的发生主要是三个方面。

1.土壤生物学环境恶化

单一作物的连续种植,会使土壤环境变为根系病虫害(病原菌和致病线虫等)的生存寄主和繁殖场所,在此土壤中病原微生物数目会不断增加直至病害蔓延。因此,连作条件下土传病害是作物减产的主要原因之一[163]。在连作条件下,植株的根系分泌物、植株组织及其分解物是病原菌获得养分和加速繁殖的主要来源,并且大多土壤病原菌可以在寄主残体或者土壤中形成耐久性的生存器官。当寄主出现时,生存器官便可以萌动并开始侵染寄主,由于不同的病原菌在土壤中的生存时间有所区别, 在生产上一般轮作3~6年才可以避免土传病害的发生[164]。连作蔬菜作物的根系分泌物和植株残茬腐解物可以作为某些病原菌生存、繁殖的营养物质和寄生场所[165、166]。谷祖敏[167]等研究发现,腐烂的黄瓜残体保留在土壤中可以促进腐霉菌腐生活动和侵染,同时能够使下茬黄瓜苗期病害加重。西瓜枯萎病菌在西瓜种植后的8年内始终有可能引起西瓜感病并造成损失[168];辣椒疫病在辣椒种植后的3~5年始终有可能引起辣椒感病并造成损失[169]。在设施栽培中,土壤中过多施用化学肥料能够导致病原拮抗菌减少,促进病原菌繁殖,从而提高土传病虫害发生的概率[170,171]。

同一地块连续种植同一种作物,由于根系分泌物(或代谢物)的长期积累致使根际微生物发生变化,这些变化可以抑制硝化细菌、氨化细菌等有益微生物的生长,同时还引起作物有害微生物的大量滋生。有研究表明,随着连作年限增加日光温室土壤中的有害真菌(病原菌)的种类和数量增加,其细菌的种类和数量减少,同时日光温室土壤的微生物状况和酶活性与露地土壤的有显著差异[172]。

2.土壤理化性状的劣化

在蔬菜生产过程中由于过分追求高产而连年施用大量的尿素、磷酸二铵等化肥,导致土壤中硝态氮和速效磷含量严重超标,使得土壤孔隙度、结构性遭到破坏,进而造成土壤次生盐渍化,作物根系的生长及养分吸收受到严重影响[173,174]。蔬菜生产中经常出现的问题还有偏施化肥加上设施内土壤缺乏雨水淋溶所引起的土壤物理结构破坏和土壤盐分积累。连作会引起土壤盐类积累和板结,并且其通透性变差,导致需氧微生物活性下降和土壤熟化变慢,另外由于翻耕深度不够,使得土壤耕作层变浅,从而影响作物根系伸展。多数农民对钙和微肥认知有限,在蔬菜种植过程中基本不施用钙和微肥,往往导致土壤大量元素相对过剩,微量元素相对缺乏,因此在养分平均衡的情况下,容易发生生理障碍[175]。

3.自毒作用

自毒作用是同种作物中某些个体会通过地上部淋溶、根系分泌或植株残茬等途径向环境中释放某些代谢（分解）的化学物质，而这些化学物质对其他同茬、下茬个体或同科植物的生长可以产生直接或间接的毒害作用。同时自毒作用也是一种特殊作用方式的化感作用，又称作自身化感作用[176、177]。赖斯[178]等发现，黄瓜根系分泌物中的某些毒性物质在土壤中不断积累是导致黄瓜连作减产的主要原因之一。喻景权[179、180]等近些年来先后研究发现，西瓜、甜瓜、豌豆、番茄和黄瓜植株的根系分泌物及残茬可以产生自毒作用，并且从中分离出了一些自毒物质。黄瓜在连作条件下，其根系分泌物不仅存在自毒作用，而且自毒作用所引起的抑制率也是最高的，当酚酸类物质积累到一定程度时就会产生自毒作用，并且会导致后茬黄瓜尤其设施栽培的黄瓜产量降低[181、182]。研究人员从黄瓜根系分泌物中分离鉴定出了11种酚酸类物质，主要有对羟基苯甲酸、苯甲酸、2,5-二羟基苯甲酸和苯丙烯酸等，以上这些物质对黄瓜根系生长和养分吸收以及地上部分幼苗生长等生理活动均存在直接影响[177]。王倩[183]等研究发现，在连作栽培时西瓜的出苗率降低，在其根系分泌物和根、茎、叶的新鲜组织中均含有酚酸类物质，并且根、茎、叶提取物的生物活性与酚酸浓度呈正相关，从而证实西瓜连作障碍中存在自毒作用。

(三)连作障碍防治措施

1.合理轮作和间套作

合理轮套作有利于提高土壤微生物多样性,调节微生物群落,使病菌失去寄主或改变生活环境,使土壤病害受到控制,改善土壤结构,充分利用土壤养分,提高作物产量[162]。目前轮作是解决蔬菜作物连作障碍的应用较为广泛并且效果较为明显的一种方法[184]。大蒜与黄瓜轮作可显著改善土壤微生物组成[185],黄瓜与豆类(豌豆、菜豆)和玉米轮作或间作,可以平衡土壤养分,减轻土传病害的发生,提高蔬菜产量和品质,有效防治连作障碍[186]。吴艳飞[185]等报道,在夏季日光温室休闲期,种植大蒜、菠菜和白菜可以显著降低土壤盐分积累,同时增加土壤微生物的数量,抑制镰刀菌增殖,叶菜—黄瓜—番茄和大蒜—黄瓜—苦瓜轮作能够有效提高产量和收益。

2.合理施肥、增施有机肥

目前增施有机肥是生产上应用较为普遍的几乎可以解决所有蔬菜作物连作障碍的方法[187],此方法是通过解决土壤次生盐渍化来达到缓解连作障碍的目的[188~190]。周晓芬[191]等在连作多年的黄瓜大棚土壤中施用生物发酵鸡粪并配合生物肥料(沼肥或酵素肥)可显著改善土壤盐渍化,缓解黄瓜枯萎病,从而提高产量。吕卫光[177]等研究发现有机肥可以有效改善土壤微环境,增加微生物数量、增强微生物活力、促进根系生长、增强根系对水分和矿质元素的吸收能力,从而减轻苯丙烯酸等自毒物质对黄瓜产生的自毒作用。

3.选育高抗品种

选育高抗品种有两个方面：一种是选育高抗病品种，一种是选育高抗自毒品种。同一作物不同品种间抗自毒作用的能力存在差异，尤其是易发生连作障碍的作物选择低自毒或抗性较强的品种，对减轻和克服自毒作用有着重大意义[192]。然而，培育抗性品种的工作难度相对较大，周期也相对较长，因此依靠育种途径无法在短期内从根本上解决连作障碍的问题[193]。

4.生物防治

栽培过程中生物防治的方法有多种：①向土壤中增施有益菌；②可以通过一定方式施入有机物或提高拮抗微生物的活性；③直接将培养好的拮抗微生物施入土壤中；④连续种植某些特定作物而获得拮抗微生物；⑤利用单一种植特定作物，形成有利于拮抗菌生长的微生态环境，使其大量繁殖，从而抑制病原菌的生长[191]。通过以上方式可以降低土壤中病原菌密度、抑制病原菌活动、减轻病害发生、增强植株对病虫害和逆境的抵抗能力，从而提高作物产量[194]。

5.采用嫁接技术

嫁接是克服连作障碍的重要方法之一，通过嫁接可以增强植株抗病能力，从而提高产量。经周长勇[195]等研究，番茄嫁接后对几种主要病害(枯萎病、青枯病、晚疫病、白粉病)的抗性明显提高。崔洪宇等研究发现，黄瓜、西瓜、番茄等多种蔬菜作物均会发生自毒作用，当用黑籽南瓜和其他抗病葫芦科作物分别嫁接到黄瓜和西瓜苗根茎上,可以增强作物的抗逆性,从而改善品质、增加产量[196]。

(四)嫁接对蔬菜作物的作用

1.增强抗性

嫁接可有效克服葫芦科和茄科(黄瓜、甜瓜、茄子、番茄、辣椒)蔬菜的连作障碍,从而达到抗病增产的目的[197];周宝利[198]研究发现,嫁接茄子可以明显增强茄子对黄萎病的抗性,其防病效果和POD同工酶的变化关系十分密切,并且砧木的抗病性越强,其同工酶的谱带变化越大。多刺黄瓜是一个优良的砧木,但多刺黄瓜嫁接后不抗枯萎病,而对根结线虫有很强的抗性[199]。利用抗性砧木嫁接的番茄可以有效防治根结线虫[200~202]和青枯病[203];嫁接可以增强辣椒对青枯病[204]、疫病[205]、根腐病[206]的抗性;可以提高黄瓜对枯萎病、疫病、根结线虫的抗性[207];还可以提高西瓜枯萎病[208~211]和黄瓜绿斑驳花叶病毒病的抗性[212]。雷鸣[213]等选择了5种野生葫芦科植物作为西瓜的嫁接砧木,经嫁接的西瓜幼苗根系发达、叶面积增大、茎粗蔓长。

嫁接对提高蔬菜的抗冷性也有一定作用。研究证明,适宜的砧木可以显著提高黄瓜对低温的抵抗能力,经嫁接的作物冷害指数相对较小,电解质渗透率相对较低,幼苗光合功能恢复较快,植株干物重增幅较大,能够显著降低叶片与根系的低温致死温度[112,214]。张圣平[215]等研究发现,野生黄瓜——棘瓜为砧木的嫁接黄瓜植株经5℃低温处理后可以忍受更长时间或更大强度的低温。

近年来，土壤盐渍化是设施蔬菜生产发展过程中出现较为普遍的现象。有研究证实，嫁接可以提高蔬菜的耐盐性，因此选择耐盐砧木嫁接替换作物根系可以有效克服土壤次生盐渍化对蔬菜作物造成的伤害。史跃林[216]等研究发现，在盐胁迫下以黑籽南瓜为砧木的黄瓜嫁接苗由于嫁接后根系对水分和矿质元素的吸收能力增强，使得嫁接植株的株高、叶展和叶面积显著高于自根植株，植株的抗盐能力得到提升，因此嫁接能够有效降低盐胁迫对黄瓜的抑制作用[217]。Huang[142]等研究表明，盐胁迫下以南瓜和瓠瓜作为砧木的嫁接黄瓜植株与自根黄瓜相比具有更高的果实干(鲜)质量和果实数目，并且可溶性糖、有机酸和抗坏血酸含量也显著提高。

砧木嫁接可明显减少干旱胁迫对地上部接穗的不利影响[218]。水分胁迫下，嫁接能够维持茄子幼苗体内保护酶系统继续有效清除活性氧和自由基，一定程度上保持植物正常的生理活动，从而能够较好地提高茄子幼苗的生长势[219]。范双喜[220]等研究发现，高温胁迫下北农茄砧嫁接的番茄，其叶片游离脯氨酸和蛋白质含量均显著高于番茄自根苗，并且POD、APX 活性相对较高，抗热能力得到大幅提升。经张衍鹏[221]等研究，以黑籽南瓜为砧木的新泰密刺黄瓜嫁接苗叶片在弱光条件下也能表现出较高的光合效率。

2.提高根系吸收能力

与接穗根系相比砧木具有较为发达的根系，并且具有更强的水分和养分的吸收能力，能够促进植株生长，增强作物抗性[161,222~224]。Gomi[225]等研究发现，经黑籽南瓜砧木嫁接的黄瓜伤流量和伤流液中NO_3^-、N、P、Ca和Mg离子的浓度明显增加，表明发达的砧木根系对上述5种离子具有较强的吸收和上行运输能力，可以为植物生长提供充足的养分和水分。盐胁迫下，嫁接植株的生长势明显强于自根植株，说明吸水吸肥能力较强的嫁接植株根系可以有效提高植株的抗盐能力[226]。

3.增加内源生长物质的供给

Kato[223]等研究发现，茄子嫁接苗伤流液中的细胞分裂素含量的多少与砧木的种类有关，并且以VF和Torubamu为砧木的嫁接茄子苗植株体内赤霉素和生长素含量均显著高于自根苗。Albacete[227]等研究得出，以耐盐野生型番茄品种作为砧木的番茄栽培品种，耐盐性的强弱与其木质部中的高活力细胞激肽类含量关系密切。Xu[228]研究表明，嫁接后的甜瓜和黄瓜植株中外源亚精胺(Spd)、精胺(Spm)的含量和(Spd+Spm)/Put (Put为腐胺)的比值显著高于自根苗。

八、化感物质

(一)化感物质的种类

植物中次生代谢产物是化感物质(allelochemical)的主要来源，主要包括：有机酸(水溶性)、脂肪酸(长链)、氨基酸、醌类、苯甲酸(及其衍生物)、肉桂酸(及其衍生物)；直链醇、氰醇；脂肪族醛(酮)、类黄酮类；一些简单不饱和内酯、多炔、香豆素类、单宁、内萜、多肽以及生物碱、硫化物、芥子油苷、嘌呤和核苷等14类[229]。

(二)化感物质的测定

浸提法(或腐解法)、水蒸气蒸馏法、常温吸附法是提取作物植株和土壤中化感物质的主要方法，但使用较为普遍的是浸提法[230、231]。疏水性根渗出液连续收集法（CRETS）主要用于根系分泌物的提取[232]。纯化化感物质的方法主要有：萃取法、层析法、树脂法，而树脂法又分为交换法和吸附法[233]。鉴定化感物质主要采用紫外、红外、核磁共振、质谱、X射线荧光光谱等分析方法，利用以上方法可以鉴定各种化感物质中的功能团、分子量和结构，以及碳和氢原子的排列方式。气质联用（GC-MS）和液质联用（HPLC-MS）是目前采用较多的两种分析方法。目前已鉴定出的化感物质有十余类化合物：萜烯类、醛酮类、醌类、单宁类、生物碱和有机酸等[234]。

(三)化感物质的作用机制

1.影响细胞膜的透性和矿质离子的吸收

膜的结构和功能直接影响细胞生理活动和物质运输。侯永侠[235]等的研究结果表明，腐解的辣椒秸秆会对辣椒根系造成细胞膜受损，膜透性和离子渗漏增大。黄瓜的根系分泌物或根系提取物可以增加离子溢出和根系中MDA的含量，同时影响根系对K、Ca和P等离子的吸收，从而使植物的生长受到抑制[236]。根系分泌物和酚酸类物质能够抑制根系对离子的吸收，其抑制程度与化感物质的浓度和pH有关，并且对离子吸收的抑制程度与根系同酚酸类物质的接触面积呈线性相关[237]。香草醛能够抑制杉木幼苗的生长和对硝酸根离子的吸收，在不同土壤浓度、土壤pH和含水量下，苯甲酸、对羟基苯甲酸和阿魏酸对土壤硝化作用的效果不同[238]。随着香草醛浓度的增加,Ca²⁺- ATPase 活性逐渐降低,细胞内钙离子浓度相应增加,MDA 含量升高,膜脂受到活性氧攻击,过氧化程度加剧,导致细胞膜稳定性下降并且透性增加[239]。

2.影响细胞分裂、伸长和根尖的细微结构

自毒物质对细胞的分裂和增殖存在明显的干扰作用。研究表明,挥发性萜类物质能够使黄瓜根尖细胞的脂质小体积累、抑制幼苗细胞有丝分裂,破坏细胞器的完整性[240]。用安息香酸处理芥末根7d后,发现芥末根细胞排列紊乱,细胞器结构被破坏,生长抑制率大幅提升[241]。

3.影响呼吸作用和光合作用

研究发现,在化感物质作用下叶片的叶绿素含量降低,并导致植物光合作用下降[242]。经过玉米花粉粒水浸提液处理的西瓜幼苗,其呼吸作用和细胞分裂均受到抑制,同时电子传导受阻,耗氧量降低[243]。

4.影响各种酶功能和活性

化感物质可以影响许多酶的活性。Polityca[244]研究发现,化感物质能够影响黄瓜根系中苯丙氨酸解氨酶(PAL)和β-葡糖苷酶活性,最终抑制黄瓜根系生长。化感物质还能改变土壤相关酶的活性,从而影响蔬菜的生理活动。连作黄瓜根际土壤中自毒物质大量积累,使得土壤呼吸强度降低,脲酶、蔗糖酶、碱性磷酸酶活性先升高后降低[245]。对羟基苯甲酸和苯丙烯酸能够影响黄瓜体内POD、CAT和SOD的活性[174],肉桂酸及其衍生物能够显著抑制ATP酶水解;单宁等能够降低纤维素酶和CAT活性[246]。在肉桂酸和香草醛作用下,茄子自根苗根际土壤中蔗糖酶、脲酶、磷酸酶的效应下降至负向根效应[247]。吕卫光[177]等报道,黄瓜根系分泌物中的苯丙烯酸和对羟基苯甲酸能够有效抑制黄瓜根系脱氢酶、ATP酶、硝酸还原酶(NR)、超氧化物歧化酶(SOD)的活性,并且随用量增加抑制作用越强。

5.影响植物生长调节

化感物质在一定程度上影响着植物的激素水平,如内源激素(ABA、IAA、GA3、ZRs等)的含量以及激素之间的比例,同时能够使植物激素生理活性降低或失活。有研究发现,经根系分泌物处理的黄瓜和番茄幼苗,ABA水平显著升高[180]。经水稻叶片浸提液处理的植物,吲哚乙酸氧化酶(IAAO)的活性得到了不同程度的提高,IAA含量下降[248]。何华勤[249]等报道,羟基苯甲酸、酚类和类黄酮等化合物能够影响IAA与GA3的分解。Leslie[250]等研究发现,水杨酸能够有效抑制悬浮培养细胞乙烯的合成。

6.影响蛋白质合成

化感物质能够影响蛋白质的合成,其原因可能是化感物质对DNA和RNA的合成,RNase和DNase的活性,RNA和DNA的分解产生了影响[251]。Meyer[252]等研究发现,香豆酸、阿魏酸、绿原酸和香草酸能够对天鹅绒细胞悬浮液蛋白质的合成产生影响,并且不同酚酸对蛋白质合成产生的影响有所不同,但均表现为低浓度促进合成,高浓度则抑制合成。化感物质作用下,水稻体内氨基酸运输和蛋白质合成均受到不同程度影响，尤其是酚酸类物质均降低了 DNA和RNA的整合[248、253]。

第二节　外源谷胱甘肽对嫁接黄瓜及砧穗自毒作用缓解效应研究的目的意义与研究内容

一、研究目的与意义

黄瓜(*Cucumis sativus* L.)是葫芦科一年生蔓生或攀缘草本植物,富含蛋白质、糖类、维生素(B_2、C、E)、胡萝卜素、尼克酸、矿质元素(Cu、P、Fe)等营养成分,茎藤药用,能消炎、祛痰、镇痉,是夏季主要蔬菜之一。黄瓜在中国各地普遍栽培并且许多地区采用保护地栽培。然而近年来,随着生态农业和可持续循环农业的发展,日光温室栽培面积不断扩大,由于各地追求连年连片种植,最终导致病虫害加重、果实品质和产量逐年下降等连作障碍的问题日渐突出[144]。与此同时,嫁接技术逐渐成熟,并因其能够克服连作障碍、提高植株抗逆性、防治黄瓜枯萎病和疫病等优点得到快速发展,虽然暂时解决了黄瓜连作障碍,但是经过6~8年的连作,其生理障碍逐渐显现,连作障碍又成为制约嫁接黄瓜发展的瓶颈。

自毒作用在作物连作障碍中扮演着重要角色,其现象和作用机理一直被作为国内外学者的研究对象[42、44、110、132]。本研究初步探究日光温室连作18年嫁接黄瓜土壤浸提液(不同浓度)对接穗黄瓜、砧木南瓜种子萌发,对黄瓜/南瓜嫁接植株、接穗黄瓜自根苗、砧木南瓜自根苗生长的化感作用及对幼苗生长的影响,以探究连作障碍形成的原因。并且研究外源谷胱甘肽对黄瓜/南瓜嫁接植株及砧穗自根苗自毒胁迫的消减作用。为克服实际农业生产中的连作障碍提供理论基础。虽然前人已对植物化感作用和连作障碍方面做了较多的研究,但是在日光温室连作嫁接黄瓜的化感作用、外源谷胱甘肽对黄瓜/南瓜嫁接植株及砧穗自根苗自毒胁迫消减作用的研究尚未见报道,本研究不仅能够填补该研究领域的空白,而且能够解决农业生产中的实际问题,对日光温室嫁接黄瓜的发展有着十分重要的意义。

二、研究内容及预期目标

(一)日光温室嫁接黄瓜及砧穗自毒作用研究

通过研究连作18年日光温室嫁接黄瓜土壤浸提液对黄瓜和南瓜种子的萌发,对黄瓜/南瓜嫁接植株、黄瓜和南瓜幼苗生长的影响,确定土壤浸提液是否存在自毒作用,进一步探讨日光温室嫁接黄瓜连作障碍产生的机理,为解决嫁接黄瓜连作障碍提供科学的理论依据。

(二)土壤浸提液中化感物质的分离与鉴定

利用不同极性的有机溶剂洗脱土壤浸提液中的化学物质,采用GC-MS方法鉴定土壤浸提液中优势化感物质组分,明确化感物质的种类和含量。

（三）外源谷胱甘肽对嫁接黄瓜及砧穗自毒作用的缓解效应

以黄瓜/南瓜嫁接植株、黄瓜自根苗、南瓜自根苗为研究对象，研究"土壤浸提液+外源GSH（不同浓度）"处理对黄瓜和南瓜种子萌发，对黄瓜/南瓜嫁接植株、黄瓜和南瓜自根苗的生长及其体内抗氧化酶活性、抗氧化剂含量、光合荧光性能的影响，寻找对日光温室嫁接黄瓜自毒作用缓解效果较好的外源GSH浓度，明确外源GSH缓解嫁接黄瓜自毒作用的机理，为日光温室嫁接黄瓜抗连作栽培提供有效的缓解途径。

三、技术路线

技术路线如图1-2。

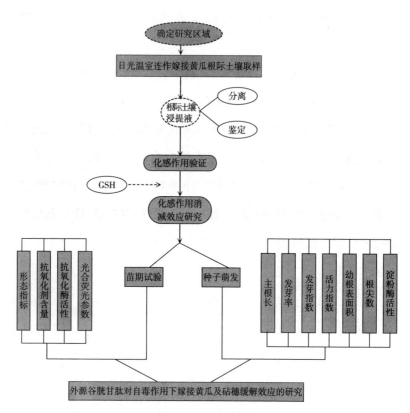

图1-2 技术路线图

第二章　连作嫁接黄瓜根际土壤化感物质分离与鉴定

诸多研究已证实很多植物存在化感作用，其中自毒作用能够对同种作物产生伤害，同时影响农业生态系统平衡[238,254]。Yu等[255]研究发现，黄瓜根系提取物和根系分泌物能够抑制植株生长，并且在其根系分泌物中分离鉴定出了苯酚酸类、肉桂酸类及肉桂酸衍生物等多种化感物质[179,255-257]。然而这些化感物质首先接触植物的根系，有研究发现植物根系分泌物能够抑制根系对离子的吸收，其抑制程度与根系自毒物质浓度和活性、接触面积、pH、微生物活性等有关[258-259]。

本试验利用树脂吸附收集连作嫁接黄瓜根际土壤中自毒物质，用不同极性的有机溶剂进行洗脱，并收集不同组分的洗脱液，采用GC-MS方法测定化感物质优势组分。为研究嫁接黄瓜连作障碍作用机理提供科学的理论基础。

一、材料与方法

(一)试验材料

1.土壤浸提液制备

选取连续18年种植嫁接黄瓜的日光温室土壤样品风干、粉碎、过2 mm筛,称取200 g放入锥形瓶中并加入1000 mL蒸馏水,密封瓶口,置于振荡器中浸提48h(速度100 r·min^{-1},温度25℃),再经过滤,即得到浓度为200 g·L^{-1}的供试浸提液(pH=6.03, EC=0.62 ms·cm^{-1})。贮存于4℃冰箱中备用。

2.吸附树脂预处理

采用Amberlite XAD-4型吸附树脂(购于美国Sigma公司)。用去离子水冲洗树脂数次后装入索氏提取器中,再分别用丙酮、乙腈、乙醚抽提24h,然后用甲醇清洗抽提液,并将处理后的树脂避光贮存在甲醇中,于4℃冰箱中备用[230]。

(二)试验方法

1.土壤浸提液化感物质分离

取供试浸提液转移到吸附树脂柱(L=60 cm, R=2.6 cm)上,分别用甲醇、乙醚、乙酸乙酯各200 mL洗脱并收集洗脱液,用旋转蒸发仪浓缩洗脱液,用甲醇(色谱纯)溶解并定容至5 mL,于-20℃冰箱中备用[260]。

2.土壤浸提液化感优势组分鉴定

采用GC-MS鉴定化感物质优势成分。气质联用仪器为7820A-

5977B。色谱条件为色谱柱采用HP-5MS,进样量1μL,采用程序升温,载气为He,流速2.4 mL·min⁻¹,进样口温度230℃,初温50℃,以60℃·min⁻¹速度升温至270℃并保持10 min。质谱条件为EI电子轰击源,轰击电压70 eV,扫描范围为30~600 amu,扫描速度为0.4 s扫全程,离子源温度为200℃。

通过谱图库NIST 08分析检索,采用峰面积归一化法计算优势组分质量分数。处理峰值软件来自Shimadzu公司。

二、结果与分析

(一)土壤浸提液甲醇组分GC-MS分析

土壤浸提液甲醇组分中共分离出化感物质27个,如图2-1和表2-1所示,主要是2-甲基丙基-1,4-苯二羧酸二酯、油酸酰胺、2-乙基己基己二酸二酯、3,6-二氧-2,4,5,7-四辛烷-2,2,4,4,5,5,7,7-八甲基环四硅氧烷,其中2-甲基丙基-1,4-苯二羧酸二酯含量最高,达到54.11%。

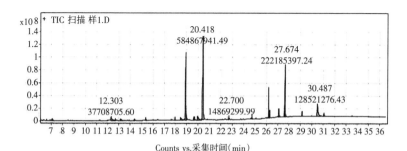

图2-1 土壤浸提液甲醇组分总离子流色谱图

表 2-1　土壤浸提液甲醇组分化学物质

序号	化感物质	英文名称	分子式	百分含量（%）	保留时间（min）
1	2-甲基丙基-1,4-苯二羧酸二酯	1,4-benzenedicarboxylic acid，bis(2-methylpropyl) ester	$C_{16}H_{22}O_4$	54.11%	27.674
2	油酸酰胺	9-octadecenamide，(Z)	$C_{18}H_{35}NO$	8.25%	30.487
3	2-乙基己基己二酸二酯	hexanedioic acid，bis(2-ethylhexyl) ester	$C_{22}H_{42}O_4$	6.69%	26.212
4	3,6-二氧-2,4,5,7-四辛烷-2,2,4,4,5,5,7,7-八甲基环四硅氧烷	3,6-dioxa-2,4,5,7-tetrasilaoctane，2,2,4,4,5,5,7,7-octamethyl	$C_{10}H_{30}O_2Si_4$	7.72%	22.700
5	2-甲基丙基-1,2-苯二羧酸二酯	1,2-benzenedicarboxylic acid，bis(2-methylpropyl) ester	$C_{16}H_{22}O_4$	2.36%	18.445
6	邻苯二甲酸二甲酯	dimethyl phthalate	$C_{10}H_{10}O_4$	2.31%	12.303
7	油酰腈	oleanitrile	$C_{18}H_{33}N$	2.12%	27.120
8	酞酸二丁酯	dibutyl phthalate	$C_{16}H_{22}O_4$	1.60%	19.932
9	十二甲基五硅氧烷	dodecamethyl-pentasiloxan	$C_{12}H_{36}O_4Si_5$	1.41%	12.682
10	邻苯二甲酸二异辛酯	diisooctyl phthalate	$C_{24}H_{38}O_4$	1.38%	27.608

（二）土壤浸提液乙酸乙酯组分GC-MS分析

土壤浸提液乙酸乙酯组分中共分离出化感物质35个，如图2-2和表2-2所示，含量超过5.0%的化学物质有2-甲基丙基-1,4-苯二羧酸二酯、2-丙戊烷邻苯二甲酸酯、油酸酰胺、邻苯二甲酸二环己基酯、2-乙基己基己二酸二酯，其中2-甲基丙基-1,4-苯二羧酸二酯含量最高，达到39.93%。

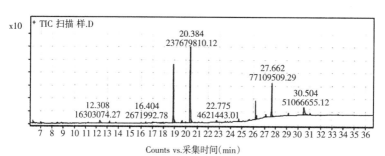

图2-2 土壤浸提液乙酸乙酯组分总离子流色谱图

表2-2 土壤浸提液乙酸乙酯组分化学物质

序号	化感物质	英文名称	分子式	百分含量（%）	保留时间（min）
1	2-甲基丙基-1,4-苯二羧酸二酯	1,4-benzenedicarboxylic acid, bis(2-methylpropyl) ester	$C_{16}H_{22}O_4$	39.93%	18.875
2	2-丙戊烷邻苯二甲酸酯	phthalic acid, di(2-propylpentyl) ester	$C_{24}H_{38}O_4$	11.59%	27.662
3	油酸酰胺	9-octadecenamide, (Z)	$C_{18}H_{35}NO$	7.45%	30.504

续表

序号	化感物质	英文名称	分子式	百分含量（%）	保留时间（min）
4	邻苯二甲酸二环己基酯	dicyclohexyl phthalate	$C_{20}H_{26}O_4$	6.64%	27.605
5	2-乙基己基己二酸二酯	hexanedioic acid, bis（2-ethylhexyl）ester	$C_{22}H_{42}O_4$	5.15%	26.212
6	3,6-二氧-2,4,5,7-四辛烷-2,2,4,4,5,5,7,7-八甲基环四硅氧烷	3,6-dioxa-2,4,5,7-tetrasilaoctane, 2,2,4,4,5,5,7,7-octamethyl	$C_{10}H_{30}O_2Si_4$	4.28%	27.621
7	（E,S）-2-乙烯酸-4-氨基-5-甲基甲酯	（E,S）-2-hexenoic acid, 4-amino-5-methyl-, methyl ester	$C_8H_{15}NO_2$	3.36%	30.494
8	邻苯二甲酸二甲酯	dimethyl phthalate	$C_{10}H_{10}O_4$	3.13%	12.308
9	1-（4-羟基-3-甲氧苯基）-1-乙氧乙酸乙酯三甲基硅氧烷	1-（4-hydroxy-3-methoxyphenyl）-1-ethoxyacetic acid ethyl ester, o-trimethylsilyl	$C_{16}H_{26}O_5Si$	1.11%	6.29
10	齐墩果腈	oleanitrile	$C_{18}H_{33}N$	1.11%	27.124
11	3,5-二甲基苯-4-甲氧基邻苯二甲酸苯酯	phthalic acid, 3,5-dimethylphenyl 4-methoxyphenyl ester	$C_{23}H_{20}O_5$	1.03%	17.019

（三）土壤浸提液乙醚组分GC-MS分析

土壤浸提液乙醚组分中共分离出的化感物质32个。如图2-3和表2-3所示，百分含量超过1.0%的化学物质14个，百分含量超过5.0%的化学物质有2-乙基己基-1,3-苯二甲酸二酯、4-甲酰基苯甲酸甲酯、邻苯二甲酸二异丙基甲酯、2-乙基己基己二酸二酯，其中2-乙基己基-1,3-苯二甲酸二酯含量最高，达到28.20%。与甲醇和乙酸乙酯组分不同的是百分含量在1.0%以上的乙醚组分中化学物质出现了醇类和酚类物质。

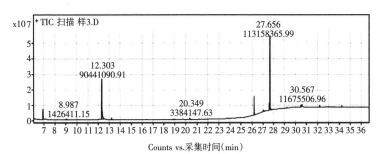

图2-3　土壤浸提液乙醚组分总离子流色谱图

表2-3　土壤浸提液乙醚组分化学物质

序号	化感物质	英文名称	分子式	百分含量（%）	保留时间（min）
1	2-乙基己基-1,3-苯二甲酸二酯	1,3-benzenedicarboxylic acid, bis(2-ethylhexyl) ester	$C_{24}H_{38}O_4$	28.20%	27.656
2	4-甲酰基苯甲酸甲酯	benzoic acid, 4-formyl-, methyl ester	$C_9H_8O_3$	18.22%	12.303
3	邻苯二甲酸二异丙基甲酯	phthalic acid, 2 isopropylphenyl methyl ester	$C_{18}H_{18}O_4$	16.42%	12.294

续表

序号	化感物质	英文名称	分子式	百分含量（%）	保留时间（min）
4	2-乙基己基己二酸二酯	hexanedioic acid, bis（2-ethylhexyl）ester	$C_{22}H_{42}O_4$	8.30%	26.203
5	六甲基环硅氧烷	cyclotrisiloxane, hexamethyl-	$C_6H_{18}O_3Si_3$	4.35%	6.591
6	邻苯二甲酸二酯	phthalic acid, di(oct-3-yl) ester	$C_{24}H_{38}O_4$	2.94%	27.599
7	二十烷基碳酸乙烯酯	carbonic acid, eicosyl vinyl ester	$C_{23}H_{44}O_3$	2.67%	30.567
8	（Z）3-（8-十五碳烯基）苯酚	（Z）-3-（pentadec-8-en-1yl）phenol	$C_{21}H_{34}O$	1.94%	27.036
9	11-溴十一胺	undecanamide, 11-bromo	$C_{11}H_{22}BrNO$	1.84%	30.494
10	十三醇	tridecanol, 2-ethyl-2-methyl	$C_{16}H_{34}O$	1.62%	34.217
11	5-羟基-2,4-二丁基苯基戊酸酯	pentanoic acid, 5-hydroxy-, 2,4-di-t-butylphenyl esters	$C_{19}H_{30}O_3$	1.58%	13.188
12	二十一烷	heneicosane	$C_{21}H_{44}$	1.38%	32.207
13	4-氟-2-硝基邻苯二甲酸甲酯	phthalic acid, 4-fluoro-2-nitrophenyl methyl ester	$C_{15}H_{10}FNO_6$	1.03%	12.177
14	酞酸二丁酯	dibutyl phthalate	$C_{16}H_{22}O_4$	1.02%	20.349

（四）土壤浸提液总组分GC-MS分析

试验共检测出94种化学物质。如表2-4所示，其中含量高于1.0%的化学物质11种，包括酯类9种、烷烃类1种、酰胺类1种。其中2-甲基丙基-1,4-苯二羧酸二酯含量较高，百分含量达到44.11%。其次是3,6-二氧-2,4,5,7-四辛烷-2,2,4,4,5,5,7,7-八甲基环四硅氧烷百分含量为5.95%，2-乙基己基-1,3-苯二甲酸二酯百分含量为3.42%。

表2-4　连作嫁接黄瓜根际土壤浸提液优势化感组分物质

序号	化感物质	英文名称	分子式	百分含量（%）	保留时间（min）
1	2-甲基丙基-1,4-苯二羧酸二酯	1,4-benzenedicarboxylic acid, bis(2-methylpropyl) ester	$C_{16}H_{22}O_4$	44.11%	18.445
2	3,6-二氧-2,4,5,7-四辛烷-2,2,4,4,5,5,7,7-八甲基环四硅氧烷	3,6-dioxa-2,4,5,7-tetrasilaoctane, 2,2,4,4,5,5,7,7-octamethyl	$C_{10}H_{30}O_2Si_4$	5.95%	15.369
3	2-乙基己基-1,3-苯二甲酸二酯	1,3-benzenedicarboxylic acid, bis(2-ethylhexyl) ester	$C_{24}H_{38}O_4$	3.42%	27.658
4	4-甲酰基苯甲酸甲酯	benzoic acid, 4-formyl-, methyl ester	$C_9H_8O_3$	2.21%	12.302

续表

序号	化感物质	英文名称	分子式	百分含量（%）	保留时间（min）
5	邻苯二甲酸二异丙基甲酯	phthalic acid, 2 isopropylphenyl methyl ester	$C_{18}H_{18}O_4$	1.99%	12.294
6	油酸酰胺	9-octadecenamide,（Z）	$C_{18}H_{35}NO$	1.80%	30.503
7	邻苯二甲酸二环己基酯	dicyclohexyl phthalate	$C_{20}H_{26}O_4$	1.60%	27.605
8	2-甲基丙基-1,2-苯二羧酸二酯	1,2-benzenedicarboxylic acid, bis（2-methylpropyl）ester	$C_{16}H_{22}O_4$	1.50%	18.445
9	邻苯二甲酸二甲酯	dimethyl phthalate	$C_{10}H_{10}O_4$	1.47%	12.305
10	酞酸二丁酯	dibutyl phthalate	$C_{16}H_{22}O_4$	1.29%	19.932
11	2-乙基己基己二酸二酯	hexanedioic acid, bis（2-ethylhexyl）ester	$C_{22}H_{42}O_4$	1.01%	26.203

三、连作嫁接黄瓜根际土壤化感物质分离与鉴定的讨论

试验结果表明，连作18年嫁接黄瓜根际土壤浸提液中主要化感物质是酯类、烷烃类、苯酚类、醇类、酰胺类等物质，并且以2-甲基丙基-1,4-苯二羧酸二酯、3,6-二氧-2,4,5,7-四辛烷-2,2,4,4,5,5,7,7-八甲基环四硅氧烷和2-乙基己基-1,3-苯二甲

酸二酯含量相对较高，这与黄瓜根系分泌物化感物质主要是酸类物质的研究结果不一致[260]。前人研究发现,番茄植株水提液中化感物质有邻苯二甲酸、邻苯二甲酸二异丁酯、肉桂酸等[261,262];茄子的化感物质主要为邻苯二甲酸类化合物、2,6-二叔丁基苯酚、2,4-二苯乙基苯酚等[263];辣椒的化感物质初步确定为邻苯二甲酸、邻苯二甲酸二丁酯、二苯胺[239]。以上研究结果与本试验结果不一致,但是在鉴定出的化学物质中均存在邻苯二甲酸酯的衍生物,此差异可能是由于受体作物种类不同,或根系分泌物收集方法不同。程智慧[264]等在研究百合根系分泌物中的主要物质时发现,在百合根系分泌物中存在含量较高的邻苯二甲酸二异辛酯、2-乙己基邻苯二甲酸二酯和1.36%的十六烷,其中邻苯二甲酸二异辛酯和十六烷两种物质与本试验结果一致,并且2-乙基己基-1,3-苯二甲酸二酯与2-乙己基邻苯二甲酸二酯为同分异构体。在大豆[265]和贝母[266]根系分泌物中同样发现了2-乙己基邻苯二甲酸二酯的成分,由于邻苯二甲酸异辛酯、2-乙己基邻苯二甲酸二酯是地膜中塑料增塑剂,所以邻苯二甲酸二异辛酯、2-乙己基邻苯二甲酸二酯和其同分异构体2-乙基己基-1,3-苯二甲酸二酯是否为化感物质尚有待研究。由于化感物质是一类有生物活性的次生代谢物,而烷烃的化学性质极为稳定,不是生理活性物质,所以认为本研究中的十六烷、二十一烷等少量烷烃,可能不是化感物质。因此,在本试验中邻苯二甲酸二异辛酯和2-乙基己基-1,3-苯二甲酸二酯可能是嫁接黄瓜根际土壤的化感物质。

四、连作嫁接黄瓜根际土壤化感物质分离与鉴定的结论

经GC-MS鉴定，连作嫁接黄瓜根系土壤浸提液中含有化感物质(百分含量>1.0%)11种,其中酯类物质9种、烷烃类物质1种、酰胺类物质1种。2-甲基丙基-1,4-苯二羧酸二酯含量最高，达到44.11%，其次是3,6-二氧-2,4,5,7-四辛烷-2,2,4,4,5,5,7,7-八甲基环四硅氧烷和2-乙基己基-1,3-苯二甲酸二酯。但含量高的物质是否为引起嫁接黄瓜生长受抑的主要化感物质,尚有待进一步验证。

第三章　外源谷胱甘肽对自毒作用下嫁接黄瓜及砧穗的影响

第一节　外源谷胱甘肽对自毒作用下嫁接黄瓜砧穗种子萌发的影响

嫁接可起到对蔬菜作物进行改良,达到早熟、增产以及增收的目的[249]。然而,嫁接黄瓜连作至6~8年时其生理障碍逐渐突出,自毒作用仍然是连作障碍中的主要因素之一[250]。戚建华[251]等研究发现嫁接黄瓜根系分泌物可促进黄瓜和南瓜体内吲哚乙酸氧化酶活性,抑制淀粉酶活性,从而降低吲哚乙酸(IAA)水平,影响子叶中贮藏物质的转化和利用,抑制其萌发和生长。

还原型谷胱甘肽(GSH)是植物体内普遍存在的小分子肽类物质,它能够清除植物细胞内的自由基[252],可通过亲核取代和加成作用使有毒亲电物质极性降低、毒性减弱[253]。GSH水平的高低与植物对各种生物异源物质及生物与非生物环境胁迫的忍耐程度密切相关[267]。研究发现外源GSH可增强大豆种子萌发过程中α-淀粉酶活性并降低膜透性[153]；能够提高叶绿体中活性氧清除系统中相关酶活性和激素含量[13,22]。同时，外施GSH能够提高自毒作用下辣椒叶片CO_2利用率，提高PSⅡ电子传递效率[268]。此外，GSH还应用于缓解树木[17,19,20,269,270]、鲜花[272,273]等相关胁迫。

许多抗逆境胁迫研究中已证实外源GSH对植物体内的保护酶和植株的生长有显著影响[31,23,271-274]，但外源GSH对嫁接黄瓜自毒作用的缓解效应尚未见报道。本试验采用连作18年嫁接黄瓜根际土壤浸提液处理模拟自毒胁迫，研究自毒作用下不同浓度外源GSH对接穗黄瓜和砧木南瓜种子发芽率、主根长度、根系表面积、根尖数、α-淀粉酶活性、淀粉酶总活性和脯氨酸含量的影响，旨在为制定缓解嫁接黄瓜连作障碍措施提供理论依据。

一、材料与方法

(一)试验设计

1.土壤浸提液制备

选取连续18年种植嫁接黄瓜的日光温室土壤样品风干、粉碎后过2 mm孔径筛，称取100 g放入锥形瓶，加入1 L蒸馏水，瓶口密封放入振荡器中浸提48h(振荡速度为100 r·min^{-1}，温度为25℃)，再经过滤，即得到浓度为100 g·L^{-1}的供试浸提液。贮存于4℃冰箱中备用。

2.幼苗培养

供试材料为"津研4号"黄瓜(天津市蔬菜研究所提供),"南砧1号"云南黑籽南瓜(北京多又奇科贸有限公司生产),GSH购于Sigma公司。挑选籽粒饱满、大小均一的黄瓜、南瓜种子各90粒,将种子放入55℃温水中搅拌15~20 min,然后置于土壤浸提液(pH=6.03, EC=0.34 ms·cm^{-1})中浸泡5~6h。浸泡后,置于铺有2层滤纸、直径12 cm的培养皿中,每皿30粒,每重复1皿,每处理3次重复,每皿加入浸提液5 mL和不同浓度的外源GSH 5 mL,处理如下:蒸馏水,记为CK1;土壤浸提液,记为CK2;25 mg·L^{-1}GSH+土壤浸提液,记为T1;50 mg·L^{-1}GSH+土壤浸提液,记为T2;100 mg·L^{-1} GSH+土壤浸提液,记为T3;200 mg·L^{-1} GSH+土壤浸提液,记为T4。然后在培养箱中28℃黑暗条件下进行发芽试验,每24h换1次滤纸和处理液,每天观察黄瓜和南瓜的发芽情况。

(二)试验项目与方法

发芽期间,统计发芽粒数,计算发芽率(germination rate, G),发芽指数(germination index, GI),活力指数(vitality index, VI)。计算公式如下:$G=Ga/Gn×100\%$,Ga:发芽终止时的全部发芽种子数;Gn:供试种子总数。$GI=\Sigma(Gt/Dt)$,Gt:在第t天的全部正常发芽数;Dt:发芽天数。$VI=GI×L$,L:平均幼苗长度。种子发芽数的统计按照国际标准[275],胚根长大于种子长度一半时为发芽,黄瓜统计5d,黑籽南瓜统计7d。

幼根的测定：分别于种子萌发第5天、第7天测量全部发芽种子的主根长、幼根表面积、根尖数，取平均值。主根长、幼根表面积、根尖数使用EPSON 11000XL根系扫描仪测定，Win RHIZO洗根测量分析软件进行数据分析。

脯氨酸含量测定参照李合生[276]的方法；α–淀粉酶活性和淀粉酶总活性采用3,5-二硝基水杨酸（DNS）方法测定[277]。采用Williamson等[278]方法计算化感作用效应指数（response index, RI），当$T \geq C$时，$RI=1-C/T$；当$T<C$时，$RI=T/C-1$；其中C为对照值，T为处理值。$RI>0$为促进作用，$RI<0$为抑制作用，绝对值大小与作用强度一致。

（三）数据分析

采用Microsoft Excel 2007和SPSS 16.0软件进行数据分析，采用新复极差法进行差异显著性检验。

二、结果与分析

（一）外源GHS对连作嫁接黄瓜土壤浸提液作用下种子发芽的影响

表3-1 外源GHS对土壤浸提液作用下黄瓜、南瓜种子发芽的影响

处理	土壤浸提液浓度 g·L⁻¹	GSH浓度 mg·L⁻¹	发芽率(G) %	发芽指数(GI)	活力指数(VI)
黄瓜					
CK1	0	0	98.33±0.533a	44.23±0.721a	559.30±0.375a
CK2	100	0	86.67±0.364c	38.02±0.533a	129.67±0.396f

续表

处理	土壤浸提液浓度 g·L⁻¹	GSH 浓度 mg·L⁻¹	发芽率(G) %	发芽指数(GI)	活力指数(VI)
T1	100	25	91.67±0.712bc	39.30±0.404a	219.20±0.145e
T2	100	50	93.33±0.850ab	41.70±0.351a	240.38±0.375d
T3	100	100	93.33±0.231bc	42.28±0.516a	520.44±0.731b
T4	100	200	93.33±0.577bc	42.62±0.375a	281.15±0.557c
南瓜					
CK1	0	0	95.00±0.140a	28.43±0.571a	822.01±0.110a
CK2	100	0	55.00±0.269e	12.02±0.529e	76.71±0.200e
T1	100	25	65.00%±0.547d	15.42±0.749d	166.38±0.375d
T2	100	50	76.67±0.671b	17.31±0.325c	202.28±0.526c
T3	100	100	71.67±0.020c	19.49±0.188b	648.19±0.235b
T4	100	200	35.00±0.358f	7.09±0.453f	17.63±0.507f

注:表中同列小写字母表示同一时期各处理间在5%水平的差异显著性。

　　由表3-1知,经土壤浸提液处理,黄瓜种子发芽率比CK1下降了11.9%。加入外源GSH,黄瓜种子发芽率随外源GSH浓度增加先增加后保持不变,但仍低于CK1水平。黄瓜种子CK2发芽指数比CK1下降了14.0%,并随外源GSH浓度增加而增加,但各处理间差异不显著。活力指数随添加GSH浓度增加而先增加后降低,其中T3处理增幅最大,并且各处理间差异显著。土壤浸提液可显著抑制南瓜种子的发芽率、发芽指数和活力指数。并且随添加外源GSH浓度升高,南瓜种子发芽率、发芽指数和活力指数均呈现先升高后降低的变化趋势。其T2发芽率增幅最大,T3发芽指数和活力指数增幅最大,但均未达到CK1水平。在T4处理中,黄瓜种子的活力指数,南瓜种子的发芽率、发芽指数、活力指数均显著低于各自T3处理,可能是由于GSH浓度过高,抑制了黄瓜种子活力,并且显著抑制了南瓜种子的萌发。南瓜种子三个指标各处理间均存在显著差异($P<0.05$)。

(二)外源GHS对连作嫁接黄瓜土壤浸提液作用下生长指标的影响

1. 对幼苗主根长度的影响

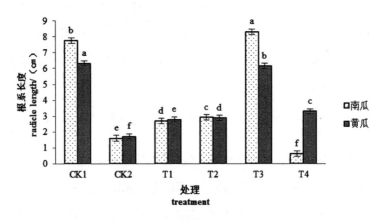

图3-1　外源GHS对土壤浸提液作用下黄瓜、南瓜幼苗主根长度的影响

图3-1表明,土壤浸提液能够显著抑制黄瓜和南瓜主根伸长生长。在自毒胁迫下,随GSH浓度升高,黄瓜和南瓜幼苗主根长度均呈现先升高后降低的趋势,并且二者的T3处理缓解自毒作用效果最

显著,其中南瓜幼苗T3的主根长度比CK1高7.2%。200 mg·L⁻¹GSH能
够抑制黄瓜和南瓜主根伸长生长。

2.对幼苗根系表面积的影响

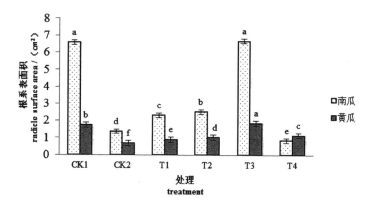

图3-2　外源GHS对土壤浸提液作用下黄瓜、南瓜幼苗根系表面积的影响

图3-2表明,土壤浸提液能够显著抑制黄瓜和南瓜幼根表面积
的生长。自毒胁迫下,随添加GSH浓度增加,黄瓜和南瓜幼根表面积
均表现为先增大后减小,并且均以100 mg·L⁻¹GSH缓解自毒胁迫效
果最佳。200 mg·L⁻¹GSH能够显著降低黄瓜和南瓜幼根表面积,分
别低于各自CK1 33.9%和87.1%。

3.对幼苗根尖数的影响

图3-3表明,CK2处理的黄瓜和南瓜根尖数分别是各自CK1的
54.6%和38.0%。随添加外源GSH浓度的增加,黄瓜和南瓜的根尖数
呈升高—降低—升高—降低的变化趋势。添加50 mg·L⁻¹外源GSH
对黄瓜和南瓜根尖数均有明显的抑制作用。100 mg·L⁻¹GSH能够明

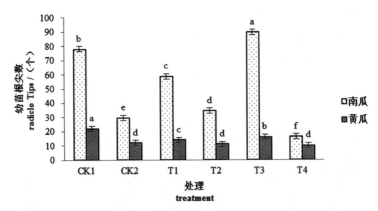

图3-3　外源GHS对土壤浸提液作用下黄瓜、南瓜幼苗根尖数的影响

显缓解自毒作用对黄瓜和南瓜根尖数的抑制，并且南瓜根尖达到CK1水平。

（三）外源GHS对连作嫁接黄瓜土壤浸提液作用下幼苗淀粉酶的影响

1. 对α-淀粉酶活性的影响

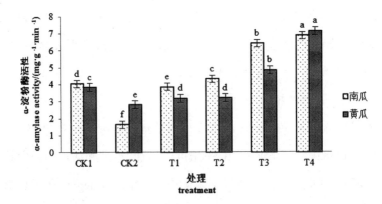

图3-4　外源GHS对土壤浸提液作用下黄瓜、南瓜幼苗α-淀粉酶活性的影响

由图3-4可知,自毒胁迫下,黄瓜和南瓜幼苗α-淀粉酶活性分别低于各自CK1 26.4%和59.3%。添加一定浓度外源GSH能够显著提高α-淀粉酶活性,并且α-淀粉酶活性与GSH浓度呈正相关。200 mg·L⁻¹GSH能够显著缓解自毒胁迫对α-淀粉酶活性的抑制效应,并且活性高于CK1。

2.对淀粉酶总活性的影响

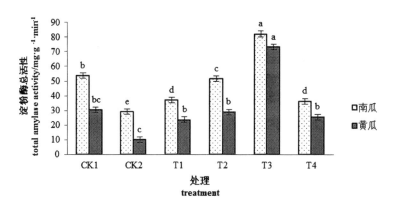

图3-5 外源GHS对土壤浸提液作用下黄瓜、南瓜幼苗淀粉酶总活性的影响

图3-5 表明,自毒胁迫下,黄瓜和南瓜幼苗淀粉酶总活性受到抑制。添加一定浓度外源GSH,黄瓜和南瓜幼苗淀粉酶总活性均得到不同程度提高。黄瓜和南瓜T3淀粉酶总活性最高,分别高于各自CK1 140.7%和53.4%。T4淀粉酶总活性均有所下降,但均显著高于各自CK2水平。

(四)外源GHS对连作嫁接黄瓜土壤浸提液作用下幼苗脯氨酸含量的影响

图3-6表明,自毒胁迫下,黄瓜和南瓜幼苗脯氨酸含量显著升

高。随添加外源GSH浓度升高，脯氨酸含量均先降低后升高。黄瓜和南瓜T3脯氨酸含量最低，分别比各自CK1低35.7%和3.7%。T4脯氨酸含量均略有升高，但黄瓜仍低于其CK1 8.9%，南瓜则高于其CK1 11.6%。

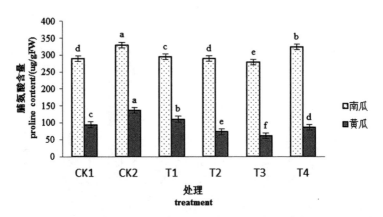

图3-6　外源GHS对土壤浸提液作用下黄瓜、南瓜幼苗脯氨酸含量的影响

（五）化感效应指数分析

表3-2　不同处理的化感效应指数分析

处理	化感效应指数RI								
	发芽率	发芽指数	活力指数	幼根长	根系表面积	根尖数	α-淀粉酶活性	淀粉酶总活性	脯氨酸含量
黄瓜									
CK2	−0.122	−0.140	−0.768	−0.730	−0.608	−0.455	−0.264	−0.674	0.307
T1	−0.061	−0.111	−0.608	−0.559	−0.483	−0.364	−0.170	−0.224	0.147

续表

| 处理 | 化感效应指数RI | | | | | | | | |
	发芽率	发芽指数	活力指数	幼根长	根系表面积	根尖数	α-淀粉酶活性	淀粉酶总活性	脯氨酸含量
T2	−0.051	−0.057	−0.570	−0.544	−0.414	−0.500	−0.165	−0.050	−0.225
T3	−0.051	−0.044	−0.069	−0.027	0.063	−0.273	0.208	0.585	−0.357
T4	−0.051	−0.036	−0.497	−0.478	−0.343	−0.545	0.463	−0.158	−0.089
南瓜									
CK2	−0.421	−0.577	−0.913	−0.794	−0.792	−0.620	−0.593	−0.459	0.122
T1	−0.316	−0.458	−0.811	−0.652	−0.648	−0.248	−0.049	−0.311	0.019
T2	−0.200	−0.391	−0.771	−0.623	−0.618	−0.556	0.065	−0.038	−0.001
T3	−0.253	−0.314	−0.265	0.067	0.013	0.130	0.367	0.348	−0.037
T4	−0.632	−0.751	−0.980	−0.920	−0.871	−0.791	0.410	−0.321	0.104

　　表3-2表明，100 mg·L⁻¹GSH作用下，黄瓜根系表面积、α-淀粉酶活性、淀粉酶总活性的$RI>0$，说明该浓度GSH对自毒作用有缓解作用。100 mg·L⁻¹GSH对南瓜幼根长、根系表面积、根尖数、α-淀粉酶活性、淀粉酶总活性具有促进作用，50 mg·L⁻¹以上浓度GSH对南瓜α-淀粉酶活性有促进作用，并且随浓度升高，促进作用越强。50 mg·L⁻¹和100 mg·L⁻¹GSH能够缓解由于自毒作用导致的脯氨酸含量升高，并且100 mg·L⁻¹GSH对自毒胁迫缓解作用强于50 mg·L⁻¹。

三、外源谷胱甘肽对自毒作用下嫁接黄瓜砧穗种子萌发影响的讨论

研究发现,自毒作用下黄瓜和南瓜种子发芽率、主根长度受到不同程度抑制,并且发芽指数、活力指数降低,这与前人得出的结论相似[279、280]。添加一定浓度GSH能够显著增加黄瓜和南瓜种子的发芽率、发芽指数、活力指数、主根长、根系表面积及根尖数。其机理可能有两种:一是GSH能够增强黄瓜和南瓜种子萌发过程中α-淀粉酶活性。α-淀粉酶是种子萌发初期最重要的水解酶,可将胚乳中的碳水化合物转化为糖,为胚提供形成新组织的材料和发芽能量[281、282]。该研究得出添加一定浓度GSH提高了黄瓜和南瓜种子α-淀粉酶活性,并且α-淀粉酶活性与GSH浓度呈正相关。此结论与在水稻上的研究结果一致[283]。同时发现200 mg·L⁻¹GSH能够显著提高α-淀粉酶活性,抑制淀粉酶总活性。由于淀粉酶总活性主要包括α-淀粉酶活性和β-淀粉酶活性[3]。因此其原因可能是200 mg·L⁻¹GSH主要抑制β-淀粉酶活性,从而抑制淀粉酶总活性。二是GSH能够清除植物体内ROS,从而降低膜透性。当植物处于逆境胁迫状态下,细胞内的ROS含量便会增加,从而导致蛋白质、膜脂和其他细胞组分的损伤[284],随着胁迫时间延长,植物体内过多的活性氧不能被有效清除,一方面抑制了酶活性,降低了植物对自身的保护能力,另一方面攻击细胞膜系统,诱发膜脂过氧化水平加剧,最终导致植物受到逆境伤害[285]。

脯氨酸是植物体内一种重要的渗透调节物质和抗氧化物质,具有清除ROS和提高抗氧化的能力,稳定生物大分子结构等作用[263],是反映植物体受胁迫程度的重要指标之一。试验表明,自毒作用下,黄瓜和南瓜幼苗中脯氨酸含量显著升高,说明幼苗细胞受到活性氧的伤害,造成膜相对透性增加,导致脯氨酸在幼苗体内积累。添加一定浓度GSH,幼苗脯氨酸含量均有所下降,这与田娜等[16]在研究外源GSH缓解苯丙烯酸胁迫黄瓜幼苗时得到的结果一致。100 mg·L^{-1}GSH能够显著降低幼苗脯氨酸含量。原因可能是GSH通过抗氧化系统或直接与植物体内ROS反应,依靠过氧化物酶和还原酶系统抑制脂质的过氧化作用,从而保护细胞膜[287]。因此,GSH不仅缓解了自毒作用的伤害,而且提高了幼苗的抗氧化能力。

四、外源谷胱甘肽对自毒作用下嫁接黄瓜砧穗种子萌发影响的结论

GSH具有促进黄瓜、南瓜种子萌发和缓解自毒胁迫的效应。其机制是GSH能够增强黄瓜和南瓜种子萌发过程中α-淀粉酶活性和淀粉酶总活性并降低渗透调节物质含量,从而促进呼吸代谢,提高种子的活力。在适宜浓度(100 mg·L^{-1})GSH处理下,黄瓜和南瓜幼苗的自由基清除能力得到最大改善和提高。另外,GSH是细胞内一种主要的抗氧化物,其对连作嫁接黄瓜根际土壤浸提液胁迫的缓解机理还可能与相关抗氧化酶活性的提高有关,这方面的设想有待进一步证实。

第二节　外源谷胱甘肽对自毒作用下嫁接黄瓜及砧穗生长的影响

设施农业发展迅速,栽培面积逐年扩大。但是,由于栽培设施具有固定性且复种指数高,再加上各地追求连片种植和规模经营等因素,致使日光温室嫁接黄瓜重茬栽培较为普遍,常出现病害严重、产量下降、品质变劣等生理障碍问题,严重制约着嫁接黄瓜的可持续发展。

本研究利用还原型谷胱甘肽(glutathione, GSH)的相关特性,以连作18年嫁接黄瓜根际土壤浸提液模拟自毒物质,研究2种处理方式,4个生长时刻,不同浓度外源GSH对自毒胁迫下黄瓜/南瓜嫁接植株及砧穗自根苗株高、茎粗、叶面积、地上部分鲜重和干重、地下部分鲜重和干重、根系活力的影响,旨在为防治嫁接黄瓜连作障碍提供理论依据。

一、材料与方法

(一)试验材料

1.土壤浸提液制备

选取连续18年种植嫁接黄瓜的日光温室土壤样品风干、粉碎、过2 mm筛,称取200 g放入锥形瓶中并加入1000 mL蒸馏水,密封瓶口,置于振荡器中浸提48h(速度100 r·min^{-1},温度25℃),再经过滤,即得到浓度为200 g·L^{-1}的供试浸提液(pH=6.03, EC=0.62 ms·cm^{-1})。贮存于4℃冰箱中备用。

2.幼苗培养

供试材料为"津研4号"(天津市蔬菜研究所)黄瓜,"南砧1号"云南黑籽南瓜(北京多又奇科贸有限公司),GSH购于美国Sigma公司。在盛有基质(蛭石:珍珠岩=3:1)的营养钵(Φ10 cm)中播种发芽一致的黄瓜和南瓜种子,浇灌Hoagland(pH=7)营养液,常规管理。当南瓜和黄瓜第一片真叶展开时,采用插接嫁接法进行嫁接,用Hoagland营养液(pH=7)浇灌,常规管理。当供试幼苗长到4~5片真叶时做如下处理:①蒸馏水灌根(CK1);②土壤浸提液灌根(CK2);③100 mg·L^{-1} GSH喷施叶片+土壤浸提液灌根(T1);④含100 mg·L^{-1} GSH土壤浸提液灌根(T2);⑤200 mg·L^{-1} GSH喷施叶片+土壤浸提液灌根(T3);⑥含200 mg·L^{-1} GSH土壤浸提液灌根(T4)。每2d用以上处理液灌根至营养钵底部滴水,喷洒叶片正反面至叶片两面形成水膜滴水为止。

(二)测定方法

分别在处理第4、8、12、16天测定幼苗株高(cm)、茎粗(cm)、叶面积(cm^2)(叶面积=最大长度×最大宽度)、地上部分鲜重(g)和干重(g)、地下部分鲜重(g)和干重(g)(取鲜样用自来水和蒸馏水各冲洗2次,用吸水纸吸干后称量鲜重,105℃杀青15 min,75℃烘干至恒重,称其干重),根系活力采用氯化三苯基四氮唑(TTC)法测定[276]。每个处理每次随机取4株幼苗,3次重复。壮苗指数=(茎粗/株高)×单株干质量×100。

（三）数据分析

数据分析采用SPSS 16.0和Excel 2007软件。

二、结果与分析

（一）外源GSH对自毒作用下幼苗形态指标的影响

1. 外源GSH对自毒作用下幼苗株高的影响

由图3-7可知,随着处理时间延长,黄瓜/南瓜嫁接植株、黄瓜自根苗、南瓜自根苗CK1幼苗株高逐渐升高;CK2增幅明显下降,其中南瓜自根苗株高增幅最小,并且在处理16d时仅增加5.22%。添加一定浓度外源GSH,可不同程度增加株高。在处理16d时,黄瓜/南瓜嫁接植株和南瓜自根苗T4达到最高值,黄瓜自根苗T2达到最高值,并且均高于其同时期CK1水平, 其中黄瓜/南瓜嫁接植株株高增幅最大,其在处理16d时增加了47.9%。说明适宜浓度外源GSH能够缓解自毒胁迫对植株伸长生长的抑制作用。黄瓜/南瓜嫁接植株、黄瓜自根苗、南瓜自根苗各时期株高增幅均表现为T3>T1,黄瓜/南瓜嫁接植株和南瓜自根苗各时期株高增幅均表现为T4>T2,黄瓜自根苗则表现为T2>T4,黄瓜自根苗在使用含200 mg·L⁻¹ GSH土壤浸提液灌根时,植株伸长生长受到抑制,并且株高均低于同时期CK2。黄瓜/南瓜嫁接植株、黄瓜自根苗、南瓜自根苗同时期各处理间均存在显

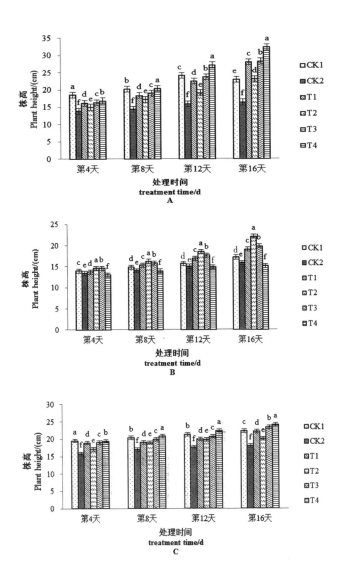

图3-7 外源GSH对自毒作用下幼苗株高的影响

注:A.黄瓜/南瓜嫁接植株;B.黄瓜自根苗;C.南瓜自根苗,图中小写字母表示同一植物同一时期各处理间在5%水平的差异显著性,下同。

著差异（除在处理12d时黄瓜自根苗CK1与T3无显著差异外）（$P<$ 0.05）。

2.外源GSH对自毒作用下幼苗茎粗的影响

如图3-8所示，经CK2处理后，黄瓜/南瓜嫁接植株、黄瓜自根苗、南瓜自根苗茎粗增幅均显著低于对照CK1；T1、T2、T3、T4茎粗均不同程度升高(除黄瓜自根苗T4处理外)；在处理第16天时，黄瓜/南瓜嫁接植株和南瓜自根苗茎粗增幅均表现为T4>T3>T1>CK1>

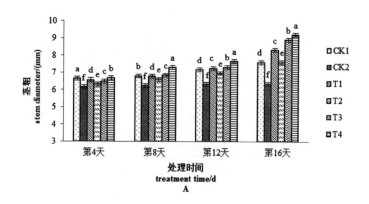

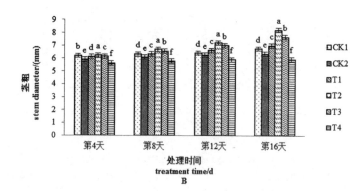

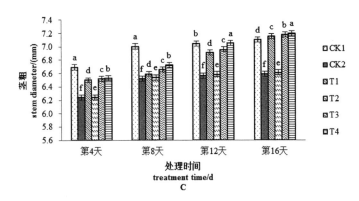

图3-8　外源GSH对自毒作用下幼苗茎粗的影响

T2>CK2，并且黄瓜/南瓜嫁接植株T4茎粗高于其同时期CK1处理14.8%、南瓜自根苗T4茎粗高于其同时期CK1处理1.33%，黄瓜自根苗茎粗增幅表现为T2>T3>T1>CK1>CK2>T4，并且T2高于其同时期CK1处理15.7%；黄瓜/南瓜嫁接植株、黄瓜自根苗、南瓜自根苗同时期各处理间均存在显著差异（$P<0.05$）。以上说明外源GSH能够缓解自毒胁迫对植株茎粗生长的抑制作用，并且含200 mg·L^{-1}GSH土壤浸提液灌根缓解黄瓜/南瓜嫁接植株和南瓜自根苗自毒胁迫效果较好，含100 mg·L^{-1}GSH土壤浸提液灌根缓解黄瓜自根苗自毒胁迫效果较好。

　　3.外源GSH对自毒作用下幼苗叶面积的影响

　　如图3-9所示，随着处理时间延长，黄瓜/南瓜嫁接植株、黄瓜自根苗、南瓜自根苗CK2叶面积增幅均显著下降，其中黄瓜/南瓜嫁接植株叶面积增幅最小，处理16d时叶面积仅增加3.18%。在喷施和灌

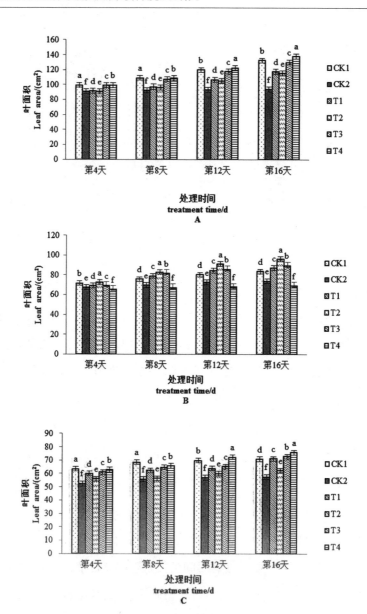

图3-9 外源GSH对自毒作用下幼苗叶面积的影响

根两种处理方式下，黄瓜/南瓜嫁接植株和南瓜自根苗T1、T2、T3、T4叶面积增幅均呈上升趋势，在处理16d时黄瓜/南瓜嫁接植株和南瓜自根苗叶面积达到最大值，并且T4叶面积及叶面积增幅均高于同时期其他处理。在喷施方式处理下，黄瓜自根苗叶面积及叶面积增幅均呈上升趋势；灌根方式处理下，其叶面积及叶面积增幅均表现为先增加后减小，在整个处理过程中，黄瓜自根苗T4叶面积增幅一直呈下降趋势，并且各处理时期叶面积均小于同时期其他处理。黄瓜/南瓜嫁接植株、黄瓜自根苗、南瓜自根苗同时期各处理间均存在显著差异（$P<0.05$）。

4.外源GSH对自毒作用下幼苗地上部鲜重的影响

如图3-10所示，随处理时间延长，黄瓜/南瓜嫁接植株、黄瓜自根苗、南瓜自根苗CK1地上部鲜重增长速率均小幅升高；CK2增长速率均呈持续下降趋势。在喷施处理方式下，黄瓜/南瓜嫁接植株、黄瓜自根苗、南瓜自根苗地上部鲜重均显著升高。黄瓜自根苗T3增长速率相对较高，在处理16d时，黄瓜自根苗地上部鲜重增加了17.1%。在灌根处理方式下，黄瓜/南瓜嫁接植株和南瓜自根苗地上部鲜重均呈上升趋势，二者T4的地上部鲜重均显著高于同时期其他处理；黄瓜自根苗T4处理的地上部鲜重呈下降趋势，在处理16d时达到最低值，并且低于同时期其他处理。以上说明嫁接黄瓜土壤浸提液能够对黄瓜/南瓜嫁接植株、黄瓜自根苗、南瓜自根苗地上部鲜重增加产生抑制作用，外源GSH可以缓解此胁迫，过高浓度外源GSH处理，有抑制地上部鲜重增加的作用。在整个处理过程中，同

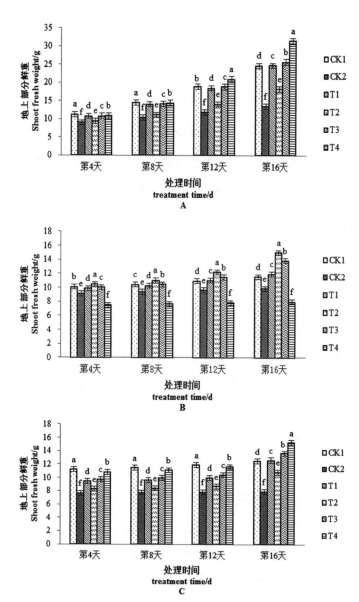

图3-10　外源GSH对自毒作用下幼苗地上部鲜重的影响

时期各处理间均存在显著差异（$P<0.05$）。

5.外源GSH对自毒作用下幼苗地上部干重的影响

如图3-11所示,随着处理时间延长,黄瓜/南瓜嫁接植株、黄瓜自根苗、南瓜自根苗CK1地上部干重和增长速率均小幅升高；CK2地上部干重呈上升趋势,但增长速率逐渐下降,其中黄瓜/南瓜嫁接植株生长速率下降幅度最大。说明连作嫁接黄瓜土壤浸提液能够抑制嫁接黄瓜、黄瓜自根苗、南瓜自根苗地上部干重的积累。黄瓜/

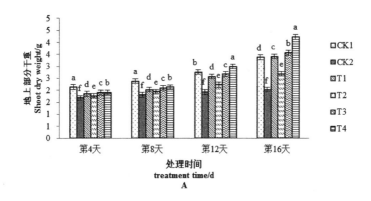

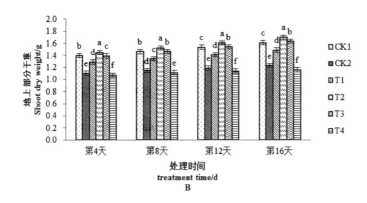

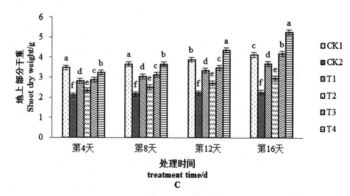

图3-11　外源GSH对自毒作用下幼苗地上部干重的影响

南瓜嫁接植株、黄瓜自根苗、南瓜自根苗T1、T2、T3、T4(除黄瓜自根苗T4处理外)地上部干重和增长速率均显著升高,并且分别高于其同时期CK2水平。但黄瓜自根苗T4地上部干重增长速率显著低于其同时期CK2水平。可能由于GSH浓度过高,对植株地上部干重的积累产生了抑制作用。在处理16d时,黄瓜/南瓜嫁接植株地上部干重表现为T4>T3>T1>CK1>T2>CK2,黄瓜自根苗地上部干重表现为T2>T3>CK1>T1>CK2>T4。黄瓜/南瓜嫁接植株、黄瓜自根苗、南瓜自根苗同时期各处理间均存在显著差异(除黄瓜自根苗在处理第8天时CK1与T3无显著差异)($P<0.05$)。

6.外源GSH对自毒作用下幼苗地下部鲜重的影响

如图3-12所示,处理后黄瓜/南瓜嫁接植株、黄瓜自根苗、南瓜自根苗CK1地下部鲜重和增长速率均呈升高趋势,其中黄瓜/南瓜嫁接植株地下部鲜重在处理16d时比其处理4d时增加了42.8%,并且增幅最大。经CK2处理后,黄瓜/南瓜嫁接植株、黄瓜自根苗、南瓜

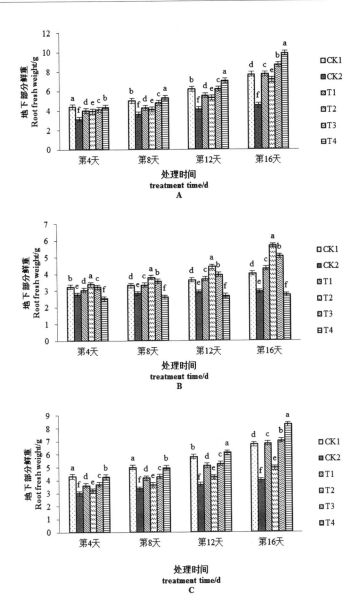

图3-12 外源GSH对自毒作用下幼苗地下部鲜重的影响

自根苗地下部鲜重均略有升高，但增长速率与CK1相比均显著下降，其中黄瓜/南瓜嫁接植株表现最敏感，在处理16d时增长速率达到最小值，并且比其在处理4d时降低了0.014。说明嫁接黄瓜土壤浸提液能够对黄瓜/南瓜嫁接植株、黄瓜自根苗、南瓜自根苗地下部鲜重增加产生抑制作用。添加一定浓度外源GSH，可显著增加黄瓜/南瓜嫁接植株、黄瓜自根苗、南瓜自根苗地下部鲜重。在喷施方式处理下，黄瓜/南瓜嫁接植株、黄瓜自根苗、南瓜自根苗地下部鲜重均显著升高，并且随喷施GSH浓度升高而增加，其中黄瓜自根苗T3增长速率相对较高，在处理16d时，黄瓜自根苗地下部鲜重共增加了57.3%。在灌根方式处理下，黄瓜/南瓜嫁接植株和南瓜自根苗地下部鲜重呈上升趋势，黄瓜/南瓜嫁接植株幼苗T4增长速率升高幅度最大，在处理16d时增加了0.475；黄瓜自根苗T4的地下部鲜重在处理16d时生长速率达到最低值，并且低于同时期其他处理。同时期各处理间存在显著差异（$P<0.05$）。以上说明外源GSH可以缓解土壤浸提液的胁迫，过高浓度GSH处理有抑制地下部鲜重增加的作用。

7.外源GSH对自毒作用下幼苗地下部干重的影响

如图3-13所示，自毒胁迫下，黄瓜/南瓜嫁接植株、黄瓜自根苗、南瓜自根苗地下部干重均小幅升高，但增长速率均随处理时间延长显著下降，在处理16d时达到最低值。黄瓜/南瓜嫁接植株和南瓜自根苗T1、T2、T3、T4地下部干重均呈上升趋势，在处理16d时分别表现为T4>T3>CK1>T1>T2>CK2，T4>T3>T1>CK1>T2>CK2；黄瓜自根苗T1、T2、T3地下部干重均有不同程度升高，其T4处理小幅升高，

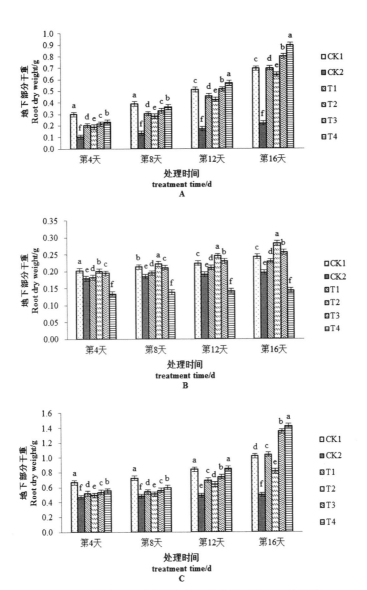

图3-13　外源GSH对自毒作用下幼苗地下部干重的影响

但显著低于其同时期CK2水平，在处理16d时表现为T2>T3>CK1>T1>CK2>T4，同时增长速率持续下降。以上说明连作嫁接黄瓜土壤浸提液能够对黄瓜/南瓜嫁接植株、黄瓜自根苗、南瓜自根苗地下部干重积累产生破坏作用，200 mg·L^{-1}浓度外源GSH灌根(T4)缓解黄瓜/南瓜嫁接植株和南瓜自根苗该胁迫效果相对较好，100 mg·L^{-1}浓度外源GSH灌根(T2)缓解黄瓜自根苗该胁迫效果相对较好。

8.外源GSH对自毒作用下幼苗根系活力的影响

如图3-14所示，随着处理时间延长，黄瓜/南瓜嫁接植株、黄瓜自根苗、南瓜自根苗CK1均小幅升高；CK2均呈下降趋势，其中黄瓜/南瓜嫁接植株下降幅度最大，处理16d时根系活力下降了42.1%，说明连作嫁接黄瓜土壤浸提液对植株根系活力存在抑制作用。黄瓜/南瓜嫁接植株和南瓜自根苗T1、T2、T3、T4均显著升高，并且分别高于其同时期CK2水平，在处理12d后黄瓜/南瓜嫁接植株和南瓜自根

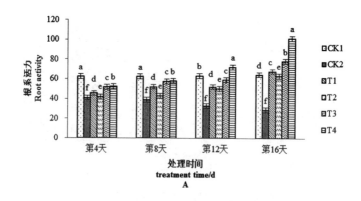

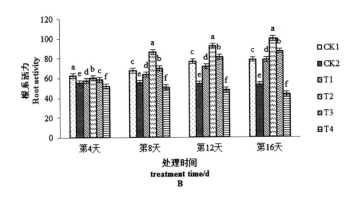

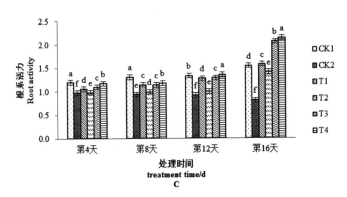

图3-14　外源GSH对自毒作用下幼苗根系活力的影响

苗T4超过各自同时期CK1水平，其他处理均未超过CK1水平。黄瓜自根苗T4呈下降趋势，可能是由于GSH浓度过高，对植株根系活力产生了抑制作用；黄瓜自根苗T1、T2、T3均显著升高，处理8d后均表现为T2>T3>CK1>T1>CK2>T4。另外，除南瓜自根苗在处理第8天时T1和T3差异不显著外，其他同时期各处理间均存在显著差异（$P<$0.05）。

（二）外源GSH对自毒作用下幼苗壮苗指数的影响

如图3-15所示，自毒胁迫下，黄瓜/南瓜嫁接植株、黄瓜自根苗、南瓜自根苗壮苗指数均显著下降，在处理16d时达到最低值。黄瓜/南瓜嫁接植株和南瓜自根苗T1、T2、T3、T4壮苗指数均呈上升趋势，在处理16d时均表现为T4>T3>CK1>T1>T2>CK2；黄瓜自根苗T1、

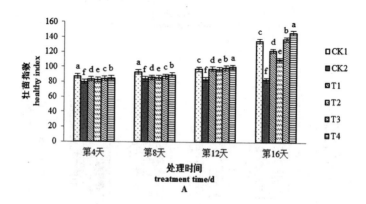

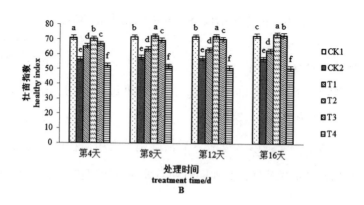

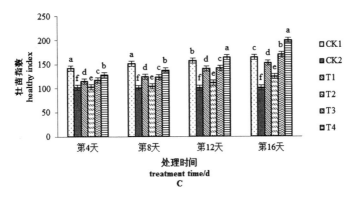

图3-15 外源GSH对自毒作用下幼苗壮苗指数的影响

T2、T3壮苗指数不同程度升高,T4处理持续下降,并且低于其同时期CK2水平,在处理16d时表现为T2>T3>CK1>T1>CK2>T4。在所有处理中,200 mg·L⁻¹浓度外源GSH灌根(T4)时黄瓜/南瓜嫁接植株和南瓜自根苗壮苗指数相对较高,100 mg·L⁻¹浓度外源GSH灌根(T2)时黄瓜自根苗壮苗指数相对较高。

三、外源谷胱甘肽对自毒作用下嫁接黄瓜及砧穗生长影响的讨论

生长形态指标是评估自毒胁迫程度和植物抗逆能力的可靠标准[263,287]。目前已有研究表明自毒胁迫能够严重影响植物的生长发育,造成植物生物量积累减少,抑制植物根系生长,导致植物根系活力下降,影响其对水分和营养的吸收,从而影响整个植株的正常生长[160]。

本试验结果表明,CK2处理的黄瓜/南瓜嫁接植株、黄瓜自根苗、南瓜自根苗株高、茎粗、叶面积、地上部分鲜重和干重、地下部分鲜重和干重的增长速率、根系活力和壮苗指数均显著低于CK1,随着处理时间的延长,增长速率下降越显著,根系活力和壮苗指数下降越明显,此结论与王芳等[288]在研究茄子自毒作用得到的结果相似,说明连作嫁接黄瓜土壤浸提液能够抑制植株的根系活力,而根系活力的大小影响着植物对养分的吸收和植物体内的新陈代谢,是一项客观反映根系生命活动的生理指标[289],由于连作嫁接黄瓜土壤浸提液的作用,植株对营养元素的吸收和利用受阻,导致黄瓜/南瓜嫁接植株、黄瓜自根苗、南瓜自根苗的各项形态指标增长速率下降,从而使得植株幼苗壮苗指数下降,而壮苗指数是反映幼苗生长质量状况的重要指标[290],因此连作嫁接黄瓜土壤浸提液影响了黄瓜/南瓜嫁接植株、黄瓜自根苗、南瓜自根苗的素质。当添加适宜浓度外源GSH后,黄瓜/南瓜嫁接植株、黄瓜自根苗、南瓜自根苗株高、茎粗、叶面积、地上部分鲜重和干重、地下部分鲜重和干重的增幅均显著高于CK2,根系活力和壮苗指数均有不同程度提高,可能是由于根系活力的提高能够有效促进植物在自毒作用下对营养物质的正常吸收、运输和转化,从而促进地上部分良好生长。

四、外源谷胱甘肽对自毒作用下嫁接黄瓜及砧穗生长影响的结论

添加适宜浓度外源GSH可以通过提高幼苗根系活力有效缓解自毒作用对黄瓜/南瓜嫁接植株及砧穗自根苗地上部分生长的抑制作用。自毒作用下,黄瓜/南瓜嫁接植株和南瓜自根苗以含200 mg·L⁻¹GSH土壤浸提液灌根(T4),黄瓜自根苗以含100 mg·L⁻¹GSH土壤浸提液灌根(T2)处理缓解效果相对较好。

第三节　外源谷胱甘肽对自毒作用下嫁接黄瓜及砧穗光合参数的影响

近年来设施农业发展迅速,随着嫁接黄瓜种植面积不断扩大,连作现象十分普遍,连作障碍已成为制约设施嫁接黄瓜生产的重要因素。吕卫光[177]、王全智[291]等人曾研究发现嫁接技术对减轻黄瓜连作障碍,提高连作黄瓜产量具有一定效果。但是嫁接黄瓜连作至6~8年时其生理障碍逐渐突出[254],自毒胁迫仍然是连作障碍中主要因素之一[268]。

还原型谷胱甘肽(GSH)在植物细胞抗干旱[269]、抗低温[12]、抗高温[78]中具有重要的作用,还与植物抗逆境胁迫,抗除草剂伤害[157]、叶

片衰老[16]以及种子劣变[292]等有关。本试验采用连作18年嫁接黄瓜根际土壤浸提液模拟自毒物质，研究2种处理方式，4个生长时刻，不同浓度外源GSH对自毒胁迫下黄瓜/南瓜嫁接植株及砧穗自根苗净光合速率（net photosynthetic rate, Pn）、气孔导度（stomatal conductance, Gs）、蒸腾速率（transpiration rate, Tr）和胞间CO_2浓度（intercellular CO_2 concentration, Ci），旨在为防治嫁接黄瓜连作障碍提供理论依据。

一、材料与方法

（一）试验材料

1.土壤浸提液制备

选取连续18年种植嫁接黄瓜的日光温室土壤样品风干、粉碎、过2mm筛，称取200 g放入锥形瓶中并加入1000 mL蒸馏水，密封瓶口，置于振荡器中浸提48h（速度100 r·min⁻¹，温度25℃），再经过滤，即得到浓度为200 g·L⁻¹的供试浸提液（pH=6.03，EC=0.62 ms·cm⁻¹）。贮存于4℃冰箱中备用。

2.幼苗培养

供试材料为"津研4号"（天津市蔬菜研究所）黄瓜，"南砧1号"云南黑籽南瓜（北京多又奇科贸有限公司），GSH购于美国Sigma公司。在盛有基质（蛭石:珍珠岩=3:1）的营养钵（Φ10 cm）中播种发芽一致的黄瓜和南瓜种子，浇灌Hoagland（pH=7）营养液，常规管理。当南瓜和黄瓜第一片真叶展开时，采用插接嫁接法进行嫁接，用Hoagland营养液（pH=7）浇灌，常规管理。当供试幼苗长到4~5片真叶时做如下处理：①蒸馏水灌根（CK1）；②土壤浸提液灌根（CK2）；③100 mg·L^{-1}GSH喷施叶片+土壤浸提液灌根（T1）；④含100 mg·L^{-1}GSH土壤浸提液灌根（T2）；⑤200 mg·L^{-1}GSH喷施叶片+土壤浸提液灌根（T3）；⑥含200 mg·L^{-1}GSH土壤浸提液灌根（T4）。每2d用以上处理液灌根至营养钵底部滴水，喷洒叶片正反面至叶片两面形成水膜滴水为止。

（二）测定方法

分别在处理第4、8、12、16天上午9:00~11:30对各处理植株生长点下第2片完全展开的功能叶进行净光合速率（Pn）、气孔导度（Gs）、蒸腾速率（Tr）和胞间CO_2浓度（Ci）。设定环境温度为25℃，CO_2浓度为400 μmol·mol^{-1}，光强为800 μmol·m^{-2}·s^{-1}，相对湿度为75%。光强、二氧化碳浓度和叶温分别由CIRAS-2的可调光源、内置式可调CO_2供气系统、可调温度监控装置控制。每个处理随机选3株，每株读数3次。

（三）数据分析

数据分析采用SPSS16.0和Excel 2007软件。

二、结果与分析

（一）外源GSH对自毒作用下幼苗净光合速率的影响

从图3-16可知，在整个处理过程中，黄瓜/南瓜嫁接植株、黄瓜自根苗、南瓜自根苗CK2叶片的净光合速率（Pn）显著下降，并且Pn值均显著低于同时期CK1水平。表明土壤浸提液干扰了黄瓜/南瓜

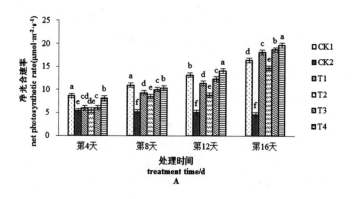

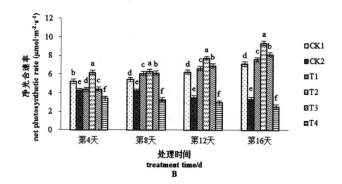

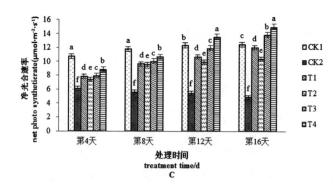

图3-16　外源GSH对自毒作用下幼苗净光合速率的影响

嫁接植株、黄瓜自根苗、南瓜自根苗的光合碳代谢。喷施不同浓度外源GSH，黄瓜/南瓜嫁接植株、黄瓜自根苗、南瓜自根苗Pn值均不同程度升高，并显著高于各自同时期CK2水平，在处理16d时，黄瓜/南瓜嫁接植株、黄瓜自根苗、南瓜自根苗T3幼苗Pn达到最高值，并且显著高于各自同时期T1水平，其中黄瓜/南瓜嫁接植株Pn值增长幅度最大，在整个处理过程中其Pn值增加了68.2%。不同浓度外源GSH灌根时，黄瓜/南瓜嫁接植株和南瓜自根苗Pn值均显著升高，在处理16d时，二者T4幼苗Pn达到最高值，并且显著高于各自同时期T3水平。黄瓜自根苗T2各时期Pn值均显著高于同时期其他处理，黄瓜自根苗T4各时期Pn值均显著低于同时期其他处理，并在处理16d时达到最低值。以上说明适宜浓度外源GSH可缓解土壤浸提液对黄瓜/南瓜嫁接植株、黄瓜自根苗、南瓜自根苗光合碳代谢的影响。

（二）外源GSH对自毒作用下幼苗蒸腾速率的影响

如图3-17所示，黄瓜/南瓜嫁接植株、黄瓜自根苗、南瓜自根苗CK1处理蒸腾速率（Tr）值均存在小幅升高。经CK2处理后，黄瓜/南瓜嫁接植株、黄瓜自根苗、南瓜自根苗叶片Tr均呈下降趋势，其中黄瓜自根苗下降幅度最小。说明土壤浸提液减慢了黄瓜/南瓜嫁接植株、黄瓜自根苗、南瓜自根苗的水分代谢。随着处理时间延长，黄瓜/南瓜嫁接植株、黄瓜自根苗、南瓜自根苗T1、T2、T3、T4处理的Tr均显著升高（除黄瓜自根苗T4外），并且Tr值均显著高于CK2。黄瓜自根苗T4呈下降趋势，在整个处理过程中下降了12.2%，并且各时期Tr值均显著低于同时期CK2水平。在处理16d时，黄瓜/南瓜嫁接植

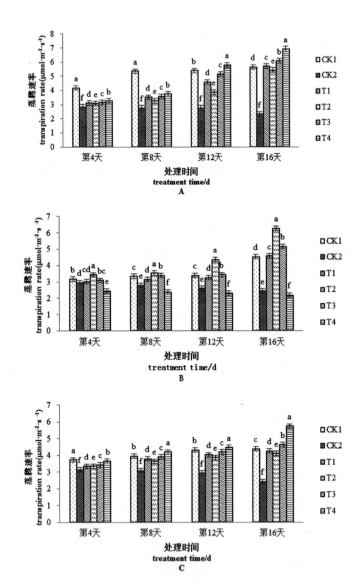

图3-17 外源GSH对自毒作用下幼苗蒸腾速率的影响

株和南瓜自根苗 Tr 值排序为 T4>T3>T1>CK1>T2>CK2 和 T4>T3>CK1>T1>T2>CK2；黄瓜自根苗 Tr 值排序为 T2>T3>T1>CK1>CK2>T4。除黄瓜自根苗在处理第4天时 T3 与 CK1、T1，T1 与 CK2 无显著差异外，黄瓜/南瓜嫁接植株、黄瓜自根苗、南瓜自根苗同时期其他处理均存在显著差异。以上说明添加适宜浓度外源 GSH 可缓解土壤浸提液对植物水分代谢的抑制作用，灌根时添加外源 GSH 浓度过高能够降低植物 Tr 值。

（三）外源 GSH 对自毒作用下幼苗气孔导度的影响

如图3-18所示，黄瓜/南瓜嫁接植株、黄瓜自根苗、南瓜自根苗 CK1 气孔导度（Gs）随处理时间延长均有小幅升高，其中黄瓜/南瓜嫁接植株增长幅度最大，在处理16d时增长了74.2%。土壤浸提液处理后，黄瓜/南瓜嫁接植株、黄瓜自根苗、南瓜自根苗 Gs 值均显著下降。说明土壤浸提液降低了植株光合底物的传导能力。添加不同浓度外源 GSH，黄瓜/南瓜嫁接植株、黄瓜自根苗、南瓜自根苗 Gs 值均

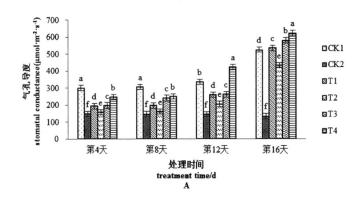

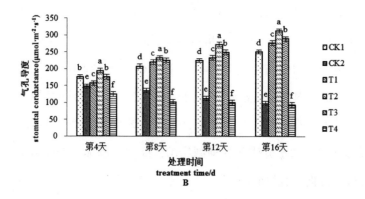

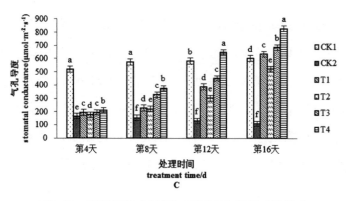

图3-18　外源GSH对自毒作用下幼苗气孔导度的影响

有不同程度升高(除黄瓜自根苗T4处理外)。在喷施处理方式下,黄瓜/南瓜嫁接植株、黄瓜自根苗、南瓜自根苗Gs值均超过各自同时期CK2水平,并且各时期均表现为T3>T1。在灌根处理方式下,黄瓜/南瓜嫁接植株和南瓜自根苗Gs值呈上升趋势,在处理12d后,二者T4 Gs值均显著高于其他处理;黄瓜自根苗T4处理的Gs值在整个处理过程中呈下降趋势,并且在各时期均低于同时期其他处理。结果表明适宜浓度外源GSH能够有效调节黄瓜/南瓜嫁接植株、黄瓜自根苗、南瓜自根苗气孔开合程度,使自毒作用下产生的气孔减小,传导能力减弱的现象得到有效缓解。

（四）外源GSH对自毒作用下幼苗胞间CO_2浓度的影响

如图3-19所示,随着处理时间延长,黄瓜/南瓜嫁接植株CK2幼苗叶片胞间CO_2浓度（Ci）呈升高趋势,黄瓜自根苗CK2幼苗Ci有小幅升高,南瓜自根苗CK2幼苗Ci显著下降。含有不同浓度外源GSH

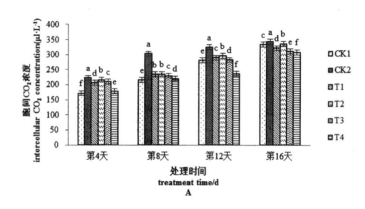

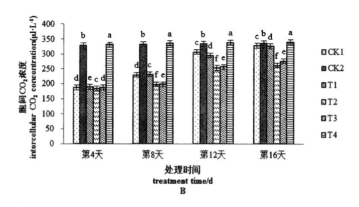

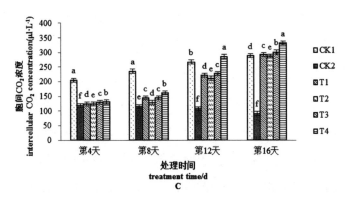

图3-19　外源GSH对自毒作用下幼苗胞间CO_2浓度的影响

处理后,黄瓜/南瓜嫁接植株叶片各处理Ci值均显著低于CK2,在处理16d时,Ci值排序为CK2>T2>CK1>T1>T3>T4,除处理4d时T1与T2差异不显著外,其他同时期各处理间差异均达显著水平($P<0.05$);黄瓜自根苗叶片Ci随处理时间延长显著下降(除T4处理外),其T2处理Ci值低于同时期其他处理,其T4 Ci值显著高于同时期CK2水平,除处理第4天时CK1与T3无显著差异外,其他同时期各处理间均存在显著差异($P<0.05$);经不同浓度外源GSH处理后,南瓜自根苗叶片各处理Ci值均显著高于CK2,处理16d时,Ci值排序为T4>T3>T1>CK1>T2>CK2,除处理8d时T1与T3差异不显著外,同时期各处理间差异均达显著水平($P<0.05$)。

三、外源谷胱甘肽对自毒作用下嫁接黄瓜及砧穗光合参数影响的讨论

本研究结果显示,自毒胁迫下黄瓜/南瓜嫁接植株及砧穗自根

苗叶片Pn、Gs、Tr显著降低，黄瓜/南瓜嫁接植株和黄瓜自根苗叶片Ci升高，南瓜自根苗叶片Ci降低。前人研究发现，导致光合作用下降的原因有两种：气孔因素和非气孔因素[293]，在Pn和Gs下降的同时，叶片Ci也相应下降，则气孔限制占主导作用；在Pn、Gs下降的同时，Ci上升或保持不变，则非气孔限制为主要因素[294]。因此导致黄瓜/南瓜嫁接植株和黄瓜自根苗叶片Pn下降的主要原因为非气孔因素，导致南瓜自根苗叶片Pn下降的主要原因为气孔因素。施加适宜浓度外源GSH，黄瓜/南瓜嫁接植株、黄瓜自根苗、南瓜自根苗Pn、Gs升高，黄瓜/南瓜嫁接植株和黄瓜自根苗Ci降低。说明黄瓜/南瓜嫁接植株和黄瓜自根苗叶片光合速率的提高是通过提高光反应和暗反应活性来提高CO_2利用率。南瓜自根苗在适宜浓度外源GSH作用下Pn、Gs、Ci同时升高，说明适宜浓度外源GSH能够通过调节南瓜自根苗叶片气孔开放程度，来缓解自毒作用导致的气体交换限制，提高胞间CO_2浓度，为CO_2同化提供了充足原料[295]。同时黄瓜/南瓜嫁接植株、黄瓜自根苗、南瓜自根苗Tr显著升高，一方面说明在适宜浓度外源GSH的调控下叶片气孔阻力减小，另一方面水分蒸腾在植物吸收营养成分中起着重要作用，由于蒸腾作用导致的水势梯度在植物体内产生蒸腾拉力[296]，从而促进植物根部对土壤中矿物质和有机质的吸收和运输。

四、外源谷胱甘肽对自毒作用下嫁接黄瓜及砧穗光合参数影响的结论

添加适宜浓度外源GSH可以通过提高幼苗叶片CO_2利用率改善自毒作用下幼苗光合性能,进而有效缓解自毒作用对黄瓜/南瓜嫁接植株及砧穗自根苗产生的伤害。自毒作用下,黄瓜/南瓜嫁接植株和南瓜自根苗以含200 mg·L^{-1}GSH土壤浸提液灌根(T4),黄瓜自根苗以含100 mg·L^{-1}GSH土壤浸提液灌根(T2)处理缓解效果相对较好。

第四节　外源谷胱甘肽对自毒作用下嫁接黄瓜及砧穗叶绿素荧光的影响

叶绿素荧光作为光合作用研究的探针,得到了广泛的研究和应用。叶绿素荧光不仅能反映光能吸收、激发能传递和光化学反应等光合作用的原初反应过程,而且与电子传递、质子梯度的建立及ATP合成和CO_2固定等过程有关。几乎所有光合作用过程的变化均可通过叶绿素荧光反映出来。目前,叶绿素荧光在光合作用、植物胁迫生理学、水生生物学、海洋学和遥感等方面得到了广泛的应用。本试验采用连作18年嫁接黄瓜根际土壤浸提液模拟自毒物质,研究2种处理方式,4个生长时刻,不同浓度外源GSH对自毒胁迫下

黄瓜/南瓜嫁接植株及砧穗自根苗的叶绿素含量、光系统Ⅱ最大光化学效率(Fv/Fm)、光系统Ⅱ有效光能转化效率(Fv′/Fm′)、光系统Ⅱ实际光化学效率(ΦPSⅡ)和非光化学猝灭系数(qN)的影响,旨在为防治嫁接黄瓜连作障碍提供理论依据。

一、材料与方法

(一)试验材料

1.土壤浸提液制备

选取连续18年种植嫁接黄瓜的日光温室土壤样品风干、粉碎、过2 mm筛,称取200 g放入锥形瓶中并加入1000 mL蒸馏水,密封瓶口,置于振荡器中浸提48h(速度100 r·min^{-1},温度25℃),再经过滤,即得到浓度为200 g·L^{-1}的供试浸提液(pH=6.03, EC=0.62 ms·cm^{-1})。贮存于4℃冰箱中备用。

2.幼苗培养

供试材料为"津研4号"(天津市蔬菜研究所)黄瓜,"南砧1号"云南黑籽南瓜(北京多又奇科贸有限公司),GSH购于美国Sigma公司。在盛有基质(蛭石:珍珠岩=3:1)的营养钵(Φ10 cm)中播种发芽一致的黄瓜和南瓜种子,浇灌Hoagland(pH=7)营养液,常规管理。当南瓜和黄瓜第一片真叶展开时,采用插接嫁接法进行嫁接,用Hoagland 营养液(pH=7)浇灌,常规管理。当供试幼苗长到4~5片真叶时做如下处理:①蒸馏水灌根(CK1);②土壤浸提液灌根(CK2);③100 mg·L^{-1}GSH喷施叶片+土壤浸提液灌根(T1);④含100

mg·L⁻¹GSH土壤浸提液灌根（T2）；⑤200 mg·L⁻¹GSH喷施叶片+土壤浸提液灌根（T3）；⑥含200 mg·L⁻¹GSH土壤浸提液灌根（T4）。每2d用以上处理液灌根至营养钵底部滴水，喷洒叶片正反面至叶片两面形成水膜滴水为止。

（二）测定方法

分别在处理第4、8、12、16天上午9:00~11:30对各处理植株生长点下第2片完全展开的功能叶进行叶绿素含量及叶绿素荧光参数的测定。叶绿素含量参照Arnon[297]的方法测定。根据Demming-Adams[298]及FMS2使用手册计算出：$Fv/Fm=(Fm-Fo)/Fm$、$Fv'/Fm'=(Fm'-Fo')/Fm'$、$\Phi PSII=(Fm'-Fs)/Fm'$、$qN=(Fm-Fm')/(Fm-Fo')$。每处理随机选3株，每株读数3次。

（三）数据分析

数据分析采用SPSS16.0和Excel 2007软件。

二、结果与分析

（一）外源GSH对自毒作用下幼苗叶绿素的影响

由图3-20可知，随着处理时间延长，黄瓜/南瓜嫁接植株、黄瓜自根苗、南瓜自根苗CK2叶绿素含量显著下降，其中黄瓜/南瓜嫁接植株叶片叶绿素含量下降幅度最大，并且在处理16d时下降了47.4%。添加一定浓度外源GSH，可不同程度增加黄瓜/南瓜嫁接植株、黄瓜自根苗、南瓜自根苗叶片中叶绿素含量，其中黄瓜/南瓜嫁接植株缓解效果最显著，在处理16d时，叶片叶绿素含量是其同时

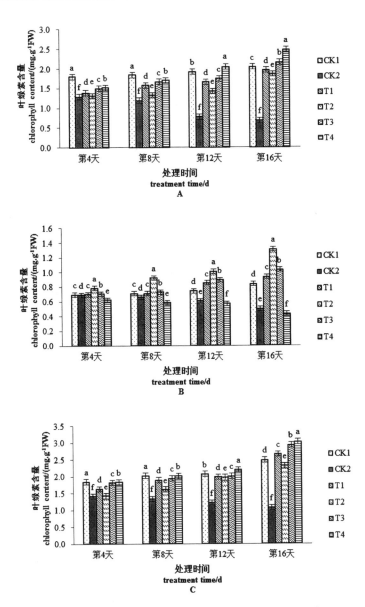

图3-20　外源GSH对自毒作用下幼苗叶绿素含量的影响

期CK2的3.7倍。在处理第4天和第8天时，黄瓜/南瓜嫁接植株叶片叶绿素含量均表现为CK1>T4>T3>T1>T2>CK2，在处理16d时，其T4达到最高值，并且叶片叶绿素含量超过其同时期CK1 21.4%。南瓜自根苗叶片在处理第4天和第8天时叶绿素含量排序与黄瓜/南瓜嫁接植株叶片在处理8d前排序基本一致，南瓜自根苗叶片T4在处理12d后叶绿素含量超过其同时期CK1水平，并在处理16d时达到最大值。黄瓜自根苗T2在处理16d时达到最大值并且叶片叶绿素含量超过其同时期其他处理。黄瓜自根苗T4叶片叶绿素含量显著下降，并且各处理时期均低于其同时期CK2水平，在处理16d时达到最低值。除处理4d和8d时，黄瓜自根苗CK1与T1差异不显著外，黄瓜/南瓜嫁接植株、黄瓜自根苗、南瓜自根苗其他同时期各处理间差异均达显著水平（$P<0.05$）。

（二）外源GSH对自毒作用下幼苗PSII 最大光能转化效率（Fv/Fm）的影响

如图3-21所示，黄瓜/南瓜嫁接植株、黄瓜自根苗、南瓜自根苗CK1 Fv/Fm均基本保持不变。经CK2处理后，黄瓜/南瓜嫁接植株、黄瓜自根苗、南瓜自根苗叶片Fv/Fm随处理时间延长均存在下降趋势。说明连作嫁接黄瓜土壤浸提液对黄瓜/南瓜嫁接植株、黄瓜自根苗、南瓜自根苗光合机构造成了光抑制。添加一定浓度外源GSH，可不同程度提高植株幼苗叶片PSII最大光能转换效率（除黄瓜自根苗T4处理外），黄瓜自根苗T4叶片Fv/Fm受到抑制，并且显著低于同时期CK2水平。以上说明适宜浓度外源GSH能够减轻自毒胁迫对幼

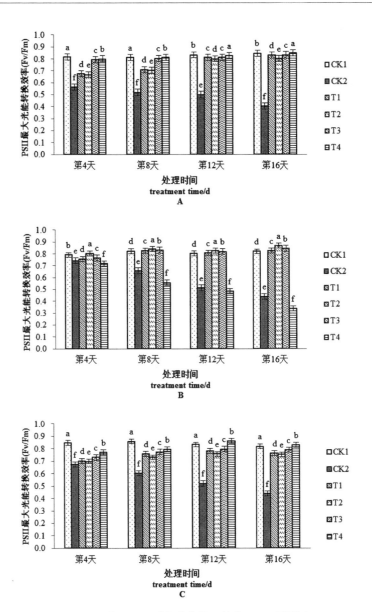

图3-21 外源GHS对自毒作用下幼苗Fv/Fm的影响

苗叶片的光抑制作用，过高浓度外源GSH不但不能缓解黄瓜自根苗叶片的光抑制，反而加重了光抑制程度。除黄瓜/南瓜嫁接植株在处理12d时T1和T3无显著差异外，黄瓜/南瓜嫁接植株、黄瓜自根苗、南瓜自根苗其他同时期各处理间均存在显著差异（$P<0.05$）。

（三）外源GSH对自毒作用下幼苗有效光能转化效率（Fv′/Fm′）的影响

如图3-22所示，在整个处理过程中，黄瓜/南瓜嫁接植株、黄瓜自根苗、南瓜自根苗CK2 Fv′/Fm′均显著下降，其中黄瓜/南瓜嫁接

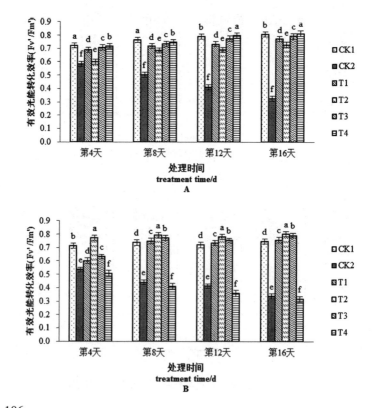

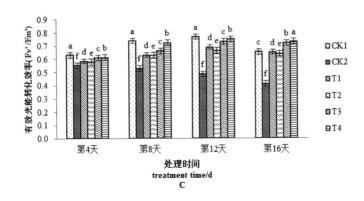

图3-22　外源GHS对自毒作用下幼苗Fv'/Fm'的影响

植株幼苗下降幅度最大,在处理16d时其有效光能转化效率下降了44.3%。随处理时间延长,黄瓜/南瓜嫁接植株、黄瓜自根苗、南瓜自根苗T1、T2、T3处理均呈上升趋势,黄瓜/南瓜嫁接植株和南瓜自根苗T4显著升高,并且分别在处理12d和16d时达到CK1水平,黄瓜自根苗T2在处理4d后达到CK1水平。黄瓜自根苗T4随处理时间延长呈下降趋势,在处理16d时仅为其同时期CK2处理的93.5%。说明自毒胁迫使得幼苗有效光能转化效率受到抑制,适宜浓度外源GSH能够缓解其抑制作用。黄瓜/南瓜嫁接植株、黄瓜自根苗、南瓜自根苗同时期各处理间均存在显著差异($P<0.05$)。

（四）外源GSH对自毒作用下幼苗实际光化学效率（ΦPSII）的影响

如图3-23所示,经CK2处理后黄瓜/南瓜嫁接植株、黄瓜自根苗、南瓜自根苗叶片ΦPSII随着处理时间延长急剧下降,在处理16d

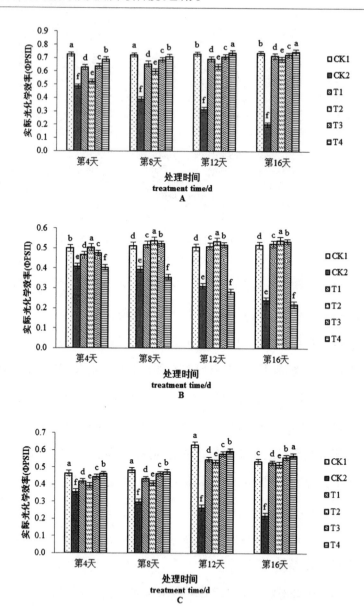

图3-23　外源GHS对自毒作用下幼苗ΦPSII的影响

时黄瓜/南瓜嫁接植株、黄瓜自根苗、南瓜自根苗叶片ΦPSII分别只有同期CK1的27.3%、46.2%和40.6%。经外源GSH处理后，黄瓜/南瓜嫁接植株、黄瓜自根苗、南瓜自根苗叶片ΦPSII均显著升高（除黄瓜T4处理外）。处理16d时，黄瓜/南瓜嫁接植株幼苗ΦPSII表现为T4>CK1>T3>T1>T2>CK2；在整个处理过程中，黄瓜自根苗T2高于其同时期其他处理，黄瓜自根苗T4呈下降趋势，在处理16d时达到最低值，可能是由于GSH浓度过高，对植物产生了光抑制；南瓜自根苗在处理16d时ΦPSII表现为T4>T3>CK1>T1>T2>CK2。另外，黄瓜/南瓜嫁接植株、黄瓜自根苗、南瓜自根苗同时期各处理间均存在显著差异（$P<0.05$）。

（五）外源GSH对自毒作用下幼苗非光化学猝灭系数（qN）的影响

如图3-24所示，连作嫁接黄瓜土壤浸提液严重影响了黄瓜/南瓜嫁接植株、黄瓜自根苗、南瓜自根苗叶片的非光化学猝灭系数。随着处理时间延长，CK2处理的黄瓜/南瓜嫁接植株、黄瓜自根苗、南瓜自根苗叶片qN均显著高于各自同时期CK1，并且与同期其他各处理差异显著，其中黄瓜/南瓜嫁接植株幼苗在处理16d时qN值是同时期CK1的3.7倍。说明连作嫁接黄瓜土壤浸提液能够使黄瓜/南瓜嫁接植株、黄瓜自根苗、南瓜自根苗PSII天线色素吸收的光能以热的形式耗散掉的部分增加。与CK2处理相比，黄瓜/南瓜嫁接植株、黄瓜自根苗、南瓜自根苗T1、T2、T3处理的qN均有不同程度下降。黄瓜自根苗T4显著升高，南瓜自根苗T4的qN值在处理16d时比

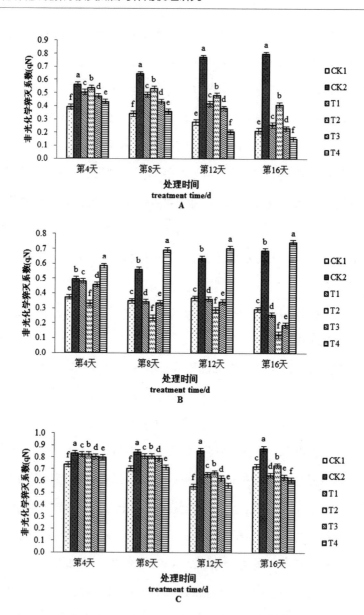

图3-24　外源GHS对自毒作用下幼苗qN的影响

同时期CK1低15.4%。以上说明适宜浓度外源GSH处理可以减少植物热耗散,使更多光能用于光化学反应。

三、外源谷胱甘肽对自毒作用下嫁接黄瓜及砧穗叶绿素荧光影响的讨论

叶绿素荧光参数可以反映植物叶片对光能的吸收、传递、耗散及分配、利用等情况,被广泛用于光合作用响应逆境机理的研究[299]。叶绿体是活性氧形成的主要场所,在过剩光强下参与PSⅡ物质转化生成H_2O_2,H_2O_2的累积会促进叶绿素降解[300]。一般情况下,叶绿素吸收的光能主要用于光化学反应、发出叶绿素荧光和热耗散3种途径[301]。本试验研究发现在连作嫁接黄瓜土壤浸提液处理下,黄瓜/南瓜嫁接植株、黄瓜自根苗、南瓜自根苗叶绿素含量、Fv/Fm、Fv′/Fm′、ΦPSⅡ显著降低,qN明显升高,适宜浓度外源GSH显著提高了叶绿素含量、Fv/Fm、Fv′/Fm′、ΦPSⅡ,降低了qN值。此结果与封辉[302]在黄瓜自毒胁迫上的研究结果基本一致。表明连作嫁接黄瓜土壤浸提液不仅可以对黄瓜/南瓜嫁接植株幼苗产生自毒胁迫,对黄瓜自根苗和南瓜自根苗也有胁迫作用。自毒胁迫能够引起黄瓜/南瓜嫁接植株、黄瓜自根苗、南瓜自根苗光合电子传递受阻、光能转化效率降低[303],过剩激发能增加,使得叶绿素加速降解,PSⅡ反应中心过剩的光能不能用于光合电子传递而以热形式耗散,导致qN升高[304],从而产生光抑制,使光合机构受到伤害。施加适宜浓度外源GSH能够提高叶肉细胞的电子传递速率,增加光化学反应比例,

减少光能热耗散,保证了叶片同化CO_2的能力。

四、外源谷胱甘肽对自毒作用下嫁接黄瓜及砧穗叶绿素荧光影响的结论

添加适宜浓度外源GSH可以通过提高幼苗叶片叶绿素含量、光化学效率改善自毒作用下幼苗光合性能,进而有效缓解自毒作用对黄瓜/南瓜嫁接植株及砧穗自根苗产生的伤害。自毒作用下,黄瓜/南瓜嫁接植株和南瓜自根苗以含200 mg·L⁻¹GSH土壤浸提液灌根(T4),黄瓜自根苗以含100 mg·L⁻¹GSH土壤浸提液灌根(T2)处理缓解效果相对较好。

第五节　外源谷胱甘肽对自毒作用下嫁接黄瓜及砧穗抗氧化系统的影响

活性氧是指在生物体内与氧代谢有关的含氧自由基和易形成自由基的过氧化物的总称,如超氧自由基($\cdot O^{2-}$)、过氧化氢(H_2O_2)、羟自由基($\cdot OH$)等,活性氧可使类脂中的不饱和脂肪酸发生过氧化反应,破坏细胞膜的结构;机体内氧化代谢可不断形成活性氧,可攻击生命大分子物质及细胞壁,造成机体的多种损伤和病变,加速机体的衰老。

已有研究证实外源GSH对植物植株生长及其体内相关酶类有一定影响[155,274,305~307]。并且前人多以单一作物的某一生长时刻为研究对象，鲜对多种相关作物，多个生长时刻进行动态对比。因此本试验采用连作18年嫁接黄瓜根际土壤浸提液模拟自毒物质，研究2种处理方式，4个生长时刻，不同浓度外源GSH对自毒胁迫下黄瓜/南瓜嫁接植株及砧穗自根苗叶片中超氧化物歧化酶（superoxide dismutase, SOD）、过氧化物酶（peroxidase, POD）、抗坏血酸过氧化物酶（ascorbate peroxidase, APX）、过氧化氢酶（catalase CAT）活性和还原型谷胱甘肽（glutathione, GSH）、抗坏血酸（ascorbic acid, AsA）、丙二醛（malondialdehyde, MDA）的影响，旨在为防治嫁接黄瓜连作障碍提供理论依据。

一、材料和方法

（一）试验设计

1.土壤浸提液制备

选取连续18年种植嫁接黄瓜的日光温室土壤样品风干、粉碎、过2 mm筛，称取200 g放入锥形瓶中并加入1000 mL蒸馏水，密封瓶口，置于振荡器中浸提48h（速度100 r·min⁻¹，温度25℃），再经过滤，即得到浓度为200 g·L⁻¹的供试浸提液（pH=6.03, EC=0.62 ms·cm⁻¹）。贮存于4℃冰箱中备用。

2.幼苗培养

供试材料为"津研4号"（天津市蔬菜研究所）黄瓜，"南砧1号"

云南黑籽南瓜（北京多又奇科贸有限公司），GSH购于美国Sigma公司。在盛有基质(蛭石:珍珠岩=3:1)的营养钵(Φ10 cm)中播种发芽一致的黄瓜和南瓜种子，浇灌Hoagland(pH=7)营养液，常规管理。当黄瓜和南瓜第一片真叶展开时，将部分幼苗采用插接嫁接法进行嫁接，用Hoagland营养液(pH=7)浇灌，常规管理。当黄瓜嫁接苗、黄瓜自根苗、南瓜自根苗长到4~5片真叶时分别做如下处理：①蒸馏水灌根(CK1)；②土壤浸提液灌根(CK2)；③100 mg·L^{-1}GSH喷施叶片+土壤浸提液灌根(T1)；④含100 mg·L^{-1}GSH土壤浸提液灌根(T2)；⑤200 mg·L^{-1}GSH喷施叶片+土壤浸提液灌根(T3)；⑥含200 mg·L^{-1}GSH土壤浸提液灌根(T4)。每2d用以上处理液灌根至营养钵底部滴水，喷洒叶片正反面至叶片两面形成水膜滴水为止。

（二）测定方法

在处理第4、8、12、16天测定幼苗叶片中SOD、POD、APX、CAT活性和GSH、AsA、MDA含量。每个处理每次随机取4株幼苗，3次重复。SOD活性参照氮蓝四唑法[276]测定，POD活性参照愈创木酚法[276]测定，APX活性采用沈文飚等[308]方法测定，CAT活性采用紫外吸收法[309]，AsA含量采用Tanaka等[310]方法测定；GSH含量采用Ellman[311]方法测定；MDA含量采用林植芳等[312]方法测定。

（三）数据分析

数据分析采用SPSS 16.0和Excel 2007软件。

二、结果与分析

（一）外源GSH对自毒作用下幼苗叶片超氧化物歧化酶（SOD）活性的影响

由图3-25可知，黄瓜/南瓜嫁接植株、黄瓜自根苗、南瓜自根苗

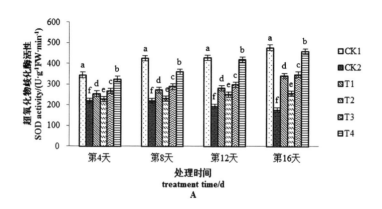

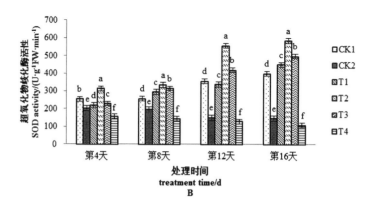

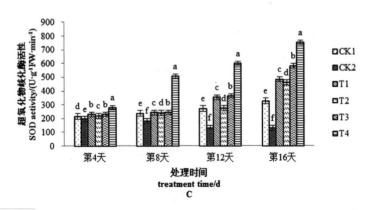

图3-25　外源GSH对自毒作用下幼苗叶片SOD活性的影响

SOD活性随着处理时间的延长,CK2处理SOD活性显著下降，黄瓜/南瓜嫁接植株叶片SOD活性下降幅度最大，在处理16d时下降了38.6%。添加一定浓度的外源GSH,可不同程度提高幼苗叶片SOD活性(除黄瓜自根苗T4处理外),且在处理16d时各处理SOD活性均高于其同时期CK2处理水平,说明外源GSH能够缓解自毒胁迫对幼苗叶片SOD活性的抑制作用。在叶片喷施方式处理下,黄瓜/南瓜嫁接植株、黄瓜自根苗、南瓜自根苗同时期各处理间均表现为T3>T1;在灌根方式处理下, 黄瓜/南瓜嫁接植株和南瓜自根苗叶片同时期各处理间均表现为T4>T2,黄瓜自根苗则表现为T2>T4。T4处理的黄瓜自根苗叶片SOD活性受到抑制,且活性低于同时期CK2水平。除南瓜自根苗在处理4d时T1和T3无显著差异外,黄瓜/南瓜嫁接植株、黄瓜自根苗、南瓜自根苗同时期各处理间均存在显著差异($P<0.05$)。

（二）外源GSH对自毒作用下幼苗叶片过氧化物酶（POD）活性的影响

由图3-26可知,随着处理时间的延长,CK1处理的黄瓜/南瓜嫁接植株、黄瓜自根苗、南瓜自根苗叶片POD活性均小幅升高。CK2处理的黄瓜/南瓜嫁接植株、黄瓜自根苗、南瓜自根苗叶片POD活性均随处理时间延长均呈下降趋势，其中黄瓜/南瓜嫁接植株幼苗下降

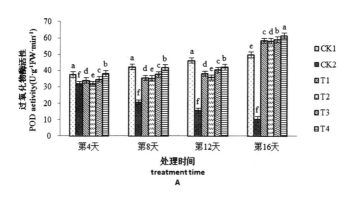

A

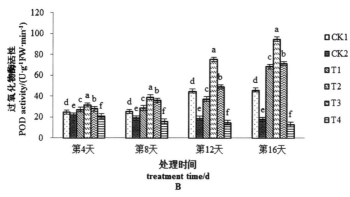

B

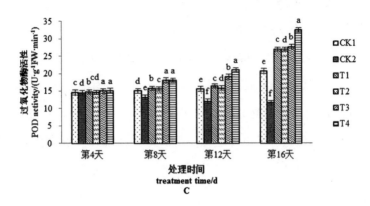

图3-26 外源GSH对自毒作用下幼苗叶片POD活性的影响

幅度最大，在处理16d时其叶片POD活性降低了67.2%。T1、T2、T3、T4处理中黄瓜/南瓜嫁接植株、黄瓜自根苗、南瓜自根苗均呈上升趋势（除T4处理黄瓜自根苗外），黄瓜/南瓜嫁接植株幼苗在处理4~12d均表现为CK1>T4>T3>T1>T2>CK2，在处理16d时表现为T4>T3>T1>T2>CK1>CK2，且T4处理高于其同时期CK1处理23.0%。黄瓜自根苗在整个处理过程中均表现T2>T3>T1>CK1>CK2>T4，在处理16d时T2处理高于其同时期CK1处理107.1%。黄瓜/南瓜嫁接植株和黄瓜自根苗同时期各处理间均存在显著差异（$P<0.05$）。南瓜自根苗在处理8d后均表现为T4>T3>T1>T2>CK1>CK2，在处理16d时T4处理高于其同时期CK1处理57.2%，但在处理8d前T3与T4均不存在显著差异（$P<0.05$）。综上说明，外源GSH能够提高自毒胁迫下植株叶片内POD活性，且缓解黄瓜/南瓜嫁接植株和南瓜自根苗自毒胁迫效果较好的处理为T4处理，缓解黄瓜自根苗自毒胁迫效果较好的处理

为T2处理。

（三）外源GSH对自毒作用下幼苗叶片抗坏血酸过氧化物酶（APX）活性的影响

由图3-27可知，在整个处理过程中，CK2处理的黄瓜/南瓜嫁接植株、黄瓜自根苗、南瓜自根苗叶片APX活性均显著下降，其中黄

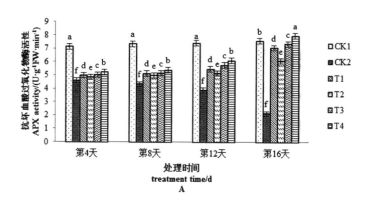

A

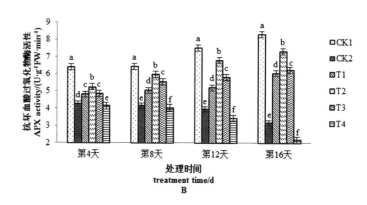

B

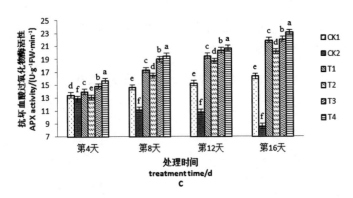

图3-27 外源GSH对自毒作用下幼苗叶片APX活性的影响

瓜/南瓜嫁接植株幼苗下降幅度最大,在处理16d时其APX活性下降了53.7%。随着处理时间的延长,T1、T2、T3处理黄瓜/南瓜嫁接植株、黄瓜自根苗、南瓜自根苗均呈持续上升趋势,T4处理黄瓜/南瓜嫁接植株和南瓜自根苗持续升高。除T4处理的黄瓜自根苗外,黄瓜/南瓜嫁接植株、黄瓜自根苗、南瓜自根苗其他处理各时期APX活性均高于其同时期CK2水平,其中黄瓜/南瓜嫁接植株幼苗在处理16d时其APX活性是CK2的3.7倍。说明自毒胁迫使得APX活性受到抑制,适宜浓度外源GSH能够缓解其抑制作用。在处理第16d时,黄瓜/南瓜嫁接植株幼苗T4处理超过同时期CK1水平,南瓜自根苗的T1、T2、T3、T4均超过各自同时期CK1水平。黄瓜自根苗所有处理在各时期均未达到CK1水平。黄瓜自根苗T4的APX活性随处理时间延长呈持续下降趋势,在处理16d时仅为其同时期CK2处理的69.3%。在处理第4天时,黄瓜自根苗T1与T3无显著差异,但黄瓜/南瓜嫁接植株、黄瓜自根苗、南瓜自根苗同时期其他各处理间均存在显著差异（$P<0.05$）。

（四）外源GSH对自毒作用下幼苗叶片过氧化氢酶（CAT）活性的影响

由图3-28可知,随着处理时间的延长,CK2处理的黄瓜/南瓜嫁接植株、黄瓜自根苗、南瓜自根苗均持续下降,在每个处理时间,CK2处理黄瓜/南瓜嫁接植株和南瓜自根苗均显著低于其同时期其

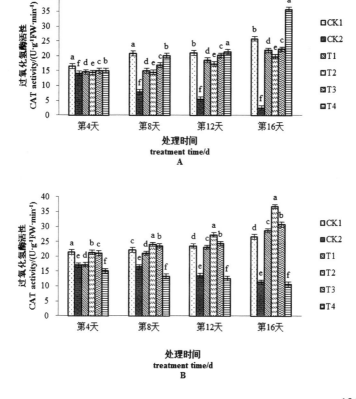

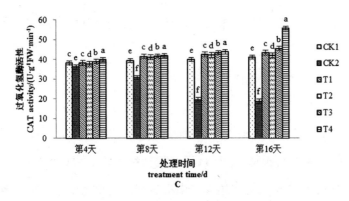

图3-28　外源GSH对自毒作用下幼苗叶片CAT活性的影响

他处理。黄瓜/南瓜嫁接植株幼苗在处理4d和8d时均表现为CK1>T4>T3>T1>T2>CK2,在处理第12d时T4处理的CAT活性超过其同时期CK1,在处理16d时,T4处理达到最高值,且超过其同时期CK1处理38.5%。黄瓜自根苗在处理8d后,T2处理CAT活性均高于同时期其他处理,T4处理CAT活性在整个处理过程中均低于同时期其他处理。南瓜自根苗在处理8d后持续表现为T4>T3>T1>T2>CK1>CK2,在处理16d时,T4处理南瓜自根苗达到最大值,且高于其同时期CK1处理36.1%。表明连作嫁接黄瓜土壤浸提液能够对黄瓜/南瓜嫁接植株、黄瓜自根苗、南瓜自根苗CAT活性产生抑制作用,适宜浓度外源GSH可以缓解此胁迫,过高浓度GSH处理,会抑制CAT的活性。

（五）外源GSH对自毒作用下幼苗叶片还原型谷胱甘肽（GSH）含量的影响

由图3-29可知,随着处理时间的延长,CK2处理黄瓜/南瓜嫁接植株、黄瓜自根苗、南瓜自根苗GSH含量均显著下降,其中黄瓜/南

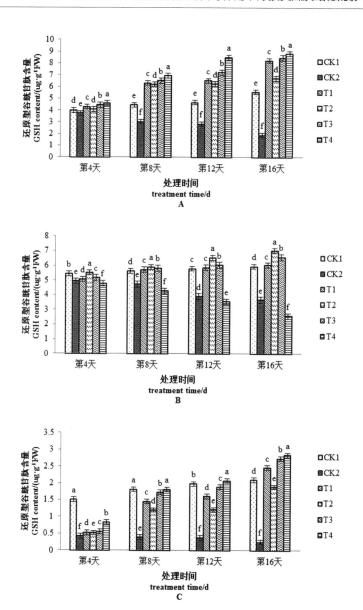

图3-29 外源GSH对自毒作用下幼苗叶片GSH含量的影响

瓜嫁接植株幼苗GSH含量下降幅度最大，在处理16d时下降了49.5%。T1、T2、T3、T4处理黄瓜/南瓜嫁接植株、黄瓜自根苗、南瓜自根苗(除T4处理黄瓜自根苗外)均显著升高，且分别高于各自同时期CK2水平。说明连作嫁接黄瓜土壤浸提液对植株体内GSH生成存在抑制作用，外源GSH能够被植物体吸收利用，并输送到叶片部位，达到提高叶片中GSH含量的目的。黄瓜/南瓜嫁接植株幼苗各时期GSH含量均表现为T4>T3>T1>T2>CK1>CK2；在整个处理过程中，T2处理黄瓜自根苗GSH含量持续高于其同时期其他处理，T4处理黄瓜自根苗一直呈下降趋势，可能是由于GSH浓度过高，对植株生成GSH产生了抑制作用。另外，除处理4d时，黄瓜/南瓜嫁接植株幼苗CK1和T2处理；处理12d时，黄瓜自根苗CK1和T1处理；在处理8d时，南瓜自根苗CK1和T4处理差异不显著外，其他同时期各处理间均存在显著差异($P<0.05$)。

(六)外源GSH对自毒作用下幼苗叶片抗坏血酸(AsA)含量的影响

由图3-30可知，CK1处理黄瓜/南瓜嫁接植株、黄瓜自根苗、南瓜自根苗叶片AsA含量均存在小幅升高，其中黄瓜/南瓜嫁接植株幼苗叶片中AsA含量在处理16d时是其处理4d时的1.1倍，增幅最大；CK2处理的黄瓜/南瓜嫁接植株、黄瓜自根苗、南瓜自根苗叶片中AsA含量均呈下降趋势，其中黄瓜/南瓜嫁接植株表现最敏感，在处理16d时减少了45.9%。添加一定浓度外源GSH，可显著增加黄瓜/南瓜嫁接植株、黄瓜自根苗、南瓜自根苗叶片中AsA含量。在整个处

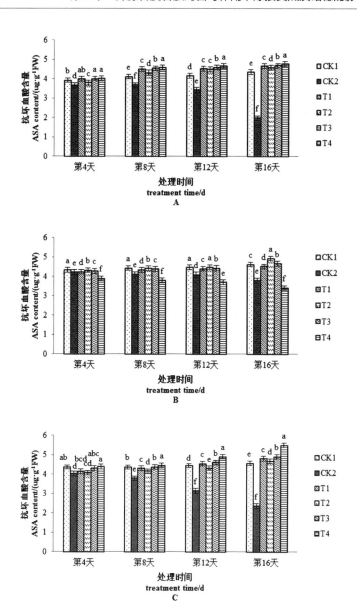

图3-30　外源GSH对自毒作用下幼苗叶片AsA含量的影响

理过程中，黄瓜/南瓜嫁接植株幼苗AsA含量各时期均表现为T4>T3>T1>T2>CK1>CK2,南瓜自根苗在处理16d时表现与黄瓜/南瓜嫁接植株幼苗AsA含量排序一致。T2处理黄瓜自根苗在处理12d后超过其同时期CK1水平,T4处理黄瓜自根苗持续下降,且在处理16d时低于其同时期CK2处理10.2%。

(七)外源GSH对自毒作用下幼苗叶片丙二醛(MDA)含量的影响

由图3-31可知,自毒胁迫下黄瓜/南瓜嫁接植株、黄瓜自根苗、南瓜自根苗叶片中MDA含量均随处理时间的延长显著升高,其中黄瓜/南瓜嫁接植株幼苗升高幅度最大,处理结束后其MDA含量升高了103.5%。T1、T2、T3、T4处理黄瓜/南瓜嫁接植株和南瓜自根苗均呈持续下降趋势,嫁接黄瓜幼苗在整个处理过程中均表现为CK2>CK1>T2>T1>T3>T4,T2处理的南瓜自根苗在处理8d时MDA含量开始低于其同时期CK1并一直持续到处理结束,南瓜自根苗处理

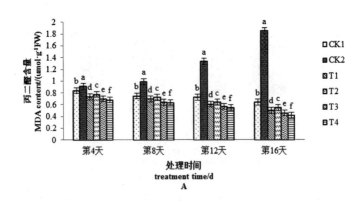

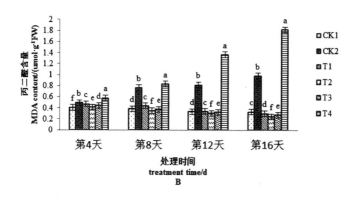

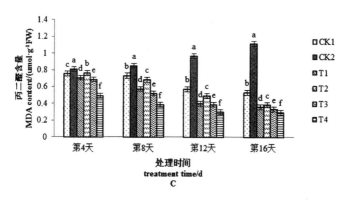

图3-31 外源GSH对自毒作用下幼苗叶片MDA含量的影响

8d后均表现为CK2>CK1>T2>T1>T3>T4。T1、T2、T3处理的黄瓜自根苗MDA含量均不同程度降低,T4处理持续升高,且显著高于其同时期CK2水平,在处理16d时表现为T4>CK2>CK1>T1>T3>T2。表明连作嫁接黄瓜土壤浸提液能够对黄瓜/南瓜嫁接植株、黄瓜自根苗、南瓜自根苗叶片细胞膜结构产生破坏作用,添加适宜浓度外源GSH可显著降低膜脂的过氧化水平。

三、外源谷胱甘肽对自毒作用下嫁接黄瓜及砧穗抗氧化系统影响的讨论

本试验供试幼苗叶片经土壤浸提液处理后，其SOD、POD、APX CAT活性均显著下降，MDA含量增加，这与前人在其他作物上的研究结果相似[152、160、275、313、314]。可能是由于植株受到长时间胁迫，其体内产生了过多的活性氧没有被有效清除，一是活性氧抑制了酶的活性，降低了植物自身的保护能力，二是活性氧攻击细胞膜系统，增加了膜脂的过氧化水平，最终导致植物受到逆境伤害[76]。当加入适宜浓度外源GSH，各处理叶片内SOD、POD、APX、CAT活性均显著提高，MDA含量下降。可能由于外源GSH通过提高植物细胞内SOD活性，在SOD和CAT、POD、APX等重要抗氧化酶同时高水平表达时[108]，使得中间产物H_2O_2能够被酶保护系统中适应逆境胁迫的酶和AsA–GSH系统协同清除[62]，进而分解H_2O_2为H_2O和O_2，起到清除活性氧、维护氧代谢平衡、提升自身抗氧化能力，使得膜脂能够抵御自由基的氧化[157、315]，从而保护和稳定生物膜[106、315]。黄瓜自根苗T4处理的SOD、POD、APX、CAT活性，GSH、AsA含量均显著低于其他处理，MDA含量显著高于其他处理。田娜[285]等研究发现高浓度外源GSH处理能抑制黄瓜幼苗自身对自由基的清除能力。因此本试验结果可能是由于灌根处理液中添加外源GSH浓度过高，影响了黄瓜自根苗根系对水分和养分的吸收，使得幼苗受到自毒和离子双重胁迫，影响了抗氧化酶活性和抗氧化剂含量，从而加重了对脂膜的

伤害。

抗坏血酸–谷胱甘肽循环（ascorbate glutathione cycle, AsA–GSH cycle）系统是植物体内清除自由基的重要途径[316]。GSH是AsA–GSH循环中十分重要的代谢物和调节物[57]。有研究表明，在逆境条件下植物细胞保持较高浓度的GSH，能够还原–S–S键，稳定–SH，从而起到稳定膜蛋白结构的作用[150]。试验中添加一定浓度外源GSH，叶片内GSH含量升高。由于GSH含量增加使得该循环中AsA的生成量增加。而AsA是一种强抗氧化剂[78]，其本身在APX作用下氧化为MDA，GSH将MDA的歧化物还原成AsA，最终使H_2O_2分解为H_2O[317]。由此当在试验中GSH含量适当增加时出现AsA含量升高，MDA含量降低的结果。

四、外源谷胱甘肽对自毒作用下嫁接黄瓜及砧穗抗氧化系统影响的结论

连作嫁接黄瓜土壤浸提液对黄瓜/南瓜嫁接植株、黄瓜自根苗、南瓜自根苗均能够产生自毒作用，其中黄瓜/南瓜嫁接植株表现最为敏感。适当浓度外源GSH能够通过增强保护酶活性和提高抗氧化物含量来减轻活性氧对细胞脂膜的破坏，一定程度上保护了膜结构的完整性，最终缓解了连作嫁接黄瓜土壤浸提液对植物生长造成的伤害，因此添加适宜浓度外源GSH对自毒作用有一定的缓解效应。在不同喷施方式处理下，黄瓜/南瓜嫁接植株、黄瓜自根苗、南瓜自根苗均表现为喷施200 mg·L^{-1} GSH（T3）缓解效果相对较好。在不同灌根方

式处理下，黄瓜/南瓜嫁接植株和南瓜自根苗表现为含200 mg·L^{-1} GSH土壤浸提液灌根(T4)缓解效果优于含100 mg·L^{-1} GSH土壤浸提液灌根(T2)，黄瓜自根苗表现为含100 mg·L^{-1} GSH土壤浸提液灌根(T2)缓解效果相对较好。在所有处理中，黄瓜/南瓜嫁接植株和南瓜自根苗在含200 mg·L^{-1} GSH土壤浸提液灌根(T4)，黄瓜自根苗在含100 mg·L^{-1} GSH土壤浸提液灌根(T2)时缓解效果相对较好。

第四章　结论与展望

一、研究结论

本书以日光温室连作嫁接黄瓜根际土壤为研究对象，验证了土壤化感作用的存在，分离鉴定了土壤所含的化感物质，并在此基础上，研究了外源谷胱甘肽对黄瓜/南瓜嫁接植株、接穗黄瓜自根苗、砧木南瓜自根苗自毒作用的缓解效应。主要研究结论如下：

1.经GC-MS鉴定，连作嫁接黄瓜根系土壤浸提液中含有化感物质(百分含量>1.0%)11种，其中2-甲基丙基-1,4-苯二羧酸二酯含量最高，百分含量达到44.11%。其次是3,6-二氧-2,4,5,7-四辛烷-2,2,4,4,5,5,7,7-八甲基环四硅氧烷和2-乙基己基-1,3-苯二甲酸二酯。

2.连作嫁接黄瓜土壤浸提液能够通过降低淀粉酶活性抑制种子萌发，并能够对黄瓜/南瓜嫁接植株和黄瓜自根苗产生非气孔因素伤害，对南瓜自根苗产生气孔因素伤害，致使光合机构受到伤害，从而抑制了黄瓜/南瓜嫁接植株及砧穗自根苗的生长。

3.种子α-淀粉酶活性与添加外源GSH的浓度呈正相关。50 mg·L^{-1}GSH有利于黄瓜和南瓜幼根主根伸长生长,抑制侧根生长。200 mg·L^{-1}GSH主要是通过抑制β-淀粉酶活性,从而抑制淀粉酶总活性。缓解土壤浸提液对黄瓜和南瓜种子胁迫的适宜外源GSH浓度为100 mg·L^{-1}。

4.添加适宜浓度外源GSH可以通过提高幼苗叶片叶绿素含量、光化学效率、CO_2利用率来改善自毒作用下幼苗的光合性能,提高幼苗抗氧化酶活性和抗氧化剂含量,进而增强幼苗根系吸收能力。有效缓解自毒胁迫对黄瓜/南瓜嫁接植株及砧穗自根苗产生的伤害。自毒作用下,黄瓜/南瓜嫁接植株和南瓜自根苗以含200 mg·L^{-1}GSH土壤浸提液灌根(T4)处理,黄瓜自根苗以含100 mg·L^{-1}GSH土壤浸提液灌根(T2)处理缓解效果相对较好。

二、研究展望

本研究是以日光温室连作18年嫁接黄瓜土壤浸提液模拟自毒物质,研究了嫁接黄瓜土壤浸提液的化感作用以及外源GSH对自毒作用下黄瓜/南瓜嫁接植株及其砧穗自根苗的保护作用及机理,初步确定了土壤浸提液和GSH对种子萌发、抗氧化酶活性、抗氧化物含量、光合荧光特性等方面的作用机制,但是在试验中仍存在一些问题尚待研究和探索:

1.化感物质分离和提取的方法较多,但是哪种方法能够完全彻底地分离待测样品中化感物质成分尚未有相关报道。该试验选择了3种不同极性的有机溶剂,但是此方法能否完全分离该试验材料中的化感物质,尚未可知,因此在物质分离方面还需深入研究。

2.经GC-MS检测,嫁接黄瓜土壤浸提液共检测到烷烃、醇、烯、酚、酯等多种化学物质,质量分数最大的是土壤浸提液的主要成分,但含量较高的物质是否为抑制植株生长的化感物质,还有待进一步验证。

3.外源GSH能够诱导黄瓜/南瓜嫁接植株及砧穗自根苗体内抗氧化酶活性和抗氧化物含量发生变化,调节植物体内AsA-GSH循环系统,减轻活性氧对膜系的损害,缓解自毒作用下抗氧化系统失衡,但是外源GSH是否对植株体内源激素含量产生影响,仍需要深入研究。

缩略词表

缩略词	英文名称	中文名称
RI	response index	化感效应指数
Tr	transpiration rate	蒸腾速率
Fo	minimal fluorescence	初始荧光
APX	ascorbate peroxidase	抗坏血酸过氧化物酶
POD	peroxidase	过氧化物酶
SOD	superoxide dismutase	超氧化物歧化酶
CAT	catalase	过氧化氢酶
GSH	glutathione	还原型谷胱甘肽
AsA	ascorbic acid	抗坏血酸
TTC	tripihenyl tetrazolium	红四氮唑
ΦPS Ⅱ	actual photochemical efficiency of PS Ⅱ in the light	PS Ⅱ 实际光化学效率
PS II	photosystem II	光合系统II
Fv′/ Fm′	maximal PSII efficiency at open centers in the presence of NPQ	光适应下PSII 最大光化学效率
Fv/Fm	maximal PSII efficiency at open centers in the absence of NPQ	暗适应下PSII 最大光化学效率
qP	photochemical quenching coefficient	光化学猝灭系数
qN	non-photochemical quenching coefficient	非光化学猝灭系数
MDA	malondialdehyde	丙二醛
FW	fresh weight	鲜重

参考文献

[1] Vina J, Vina J R, Saez G T. Glutathione: Metabolism and physiological functions[M]. 1986.

[2] 沈亚领, 李爽, 迟莉丽, 等. 谷胱甘肽的应用与生产[J]. 工业微生物, 2000, 30(2):41–45.

[3] Cooper A J L, Kristal B S. Multiple roles of glutathione in the central nervous system[J]. Biological Chemstry, 1997, 378(8): 793–802.

[4] 刘振玉. 谷胱甘肽的研究与应用[J]. 生命的化学, 1995, 15(1): 19–21.

[5] Gutierrez-Alcala G, Gotor C, Mayer A, et al. Gutathione biosynthesis in Arabidopsis trichone cells[J]. PNAS, 2000, 97:11108–11113.

[6] Zetterstrom R, Eijkman C, Sir Hopkins F G. The dawn of vitamins and other essential nutritional growth factors[J]. Acta Paediatrica, 2006, 95(11):1331-1333.

[7] Dion D P, Skipsey M, Grundy N M. Stress induced protein S-glutathionylation in Arabidopsis[J]. Plant Physiology, 2005, 138: 2233-2244.

[8] 江洁, 单立峰. 谷胱甘肽的制备及其应用[J]. 饲料工业, 2007, 28(15):15-17.

[9] 徐大勇, 宋玉果. 谷胱甘肽对氧自由基介导的细胞信号传导的调节[J]. 毒理学杂志, 2001, 15(1):52-54.

[10] Xiang C B, Werner B L, Chritensen E M, et al. The biological functions of glutathione revisited in Arabidopsis transgenic plants with altered glutathione levels[J]. Plant Physiology, 2001, 126:564-574.

[11] 宋增廷, 姜宁, 张爱忠, 等. 谷胱甘肽的生物学功能的研究进展[J]. 饲料研究, 2008(9):25-27.

[12] 闫慧芳, 毛培胜, 夏方山. 植物抗氧化剂谷胱甘肽研究进展[J]. 草地学报, 2013, 21(3):428-434.

[13] 王荣民, 曹新志. 谷胱甘肽测定方法初探[J]. 食品与发酵工业, 1992(6):34-38.

[14] 胡文琴, 王恬, 孟庆利. 抗氧化活性肽的研究进展[J]. 中国油脂, 2004, 29(5):42-45.

［15］Vina J. Glutathione: metabolism and physiological functions［M］. CRC Press. Boca Raton, FL, 1990.

［16］May M J, Vernoux T, Leaver C, et al. Glutathione homeostasis in plants: implications for environmental sensing and plant development［J］. Journal of Experimrntal Botany, 1998, 49（321）: 649-667.

［17］Floreani M, Petrone M, Debet to P, et al. A comparison between different method for the determination of reduced and oxidized glutathine in mammalian tissues［J］. Free Radical research, 1997, 26(5)449-455.

［18］范以辉, 惠焕强. 浅谈分光光度法和分光光度计的原理及其应用［J］. 计量与测试术, 2006, 33(12):11-12.

［19］郭黎平, 刘国良, 张卓勇, 等. 铜(Ⅱ)-新铜试剂-谷胱甘肽-乙醇体系显色反应研究［J］. 光谱学与光谱分析, 2000, 20（30）: 412-414.

［20］赵旭东, 魏东芝, 万群, 等. 谷胱甘肽的简便测定方法［J］. 药物分析杂志, 2000, 20(1):34-37.

［21］廖飞, 杨晓, 康格非, 等. 紫外吸收碘量法测定微量维生素C和还原型谷胱甘肽［J］. 重庆医科大学学报, 2003, 28(3):372-373.

［22］杜丽平, 肖冬光, 时丽萍. 高产谷胱甘肽酵母菌株的选育［J］. 酿酒科技, 2010,（2）:47-49.

［23］张小勇, 朴玉莲, 崔胜云. 同步衍生化法测定龙葵中还原型谷

胱甘肽(GSH)和总巯基(-SH)含量[J]. 化学试剂, 2014,36 (2): 147-149,172.

[24] 朱亚玲, 张小勇, 崔胜云. 利用衍生化试剂 DTNB 测定枸杞中谷胱甘肽[J]. 食品科学, 2011, 32(6):250-255.

[25] 钟华, 张慧, 许海平. 谷胱甘肽的测定方法进展[J]. 氨基酸和生物资源, 2014, 36(1):23-26.

[26] 陈国民, 孙航, 单幼兰, 等. 谷胱甘肽的快速荧光检测法[J]. 临床检测杂志, 2001, 19(1):11-12.

[27] 曹新志. 谷胱甘肽的开发[J]. 四川食品工业科技, 1996, 19(2): 17-20.

[28] Hissin P J, Hilf R. A fluorometric method for determination of oxidized and reduced glutathione in tissue[J]. Analytical Biochemistry, 1976, 74:214-226.

[29] 牛淑妍, 南春彩, 胡志强. Hg^{2+}淬灭磺酰胺荧光法检测谷胱甘肽[J]. 青岛科技大学学报(自然科学版), 2011, 32 (4):372-378.

[30] 张建莹, 齐剑英, 杨培慧, 等. 锌离子增强荧光光谱法测定谷胱甘肽[J]. 暨南大学学报(自然科学版), 2004, 25(1):88-91.

[31] 谢孟峡, 刘媛, 丁雅韵. 现代高效液相色谱技术的发展[J]. 现代仪器, 2001, (1):30-32.

[32] Asensi M, Sastre J, Federico V P, et al. A high-performance liquid chromatography method for measurement of oxidized glutathine

in biological samples[J]. Analytical Biochemistry, 1994, 217:323–328.

[33] 程敬君, 匡培根, 张凤英, 等. 高效液相色谱–电化学检测法测定鼠脑微透析液中谷胱甘肽和半胱氨酸[J]. 色谱, 1998, 16(2): 167–169.

[34] Brent A, Tetri N, Joseph F R. Glutathione measurement by high–performance liquid chromate or graphy separation and fluorometry detection of glutathione –orthopthalaldehyde adduct [J]. Analytical Biochemistry, 1989, 179:236–240.

[35] 王爱月, 解魁, 李发生. 高效液相色谱法测定保健食品中谷胱甘肽含量的方法研究[J]. 中国卫生检验杂志, 2007, 17(7):1181–1182.

[36] 杨培慧, 齐剑英, 冯德雄, 等. 谷胱甘肽的应用及其检测方法 [J]. 中国生化药物杂志, 2002, 23(1):52–54.

[37] 张秀玲. 高效毛细管电泳法在药物分析中的应用[J]. 天津药学, 2004, 16(1):56–60.

[38] Frassanito R, Rossi M, Dragani L K, et al. New and simple method for the analysis of the glutathione adduct of atrazine[J]. Journal of Chromatography A, 1998, 795:53–60.

[39] Thomas J, Shea O, Lunte S M. Selective detection of free thiols by capillary electrophoresis –electrochemistry using a gold/mercury amalgam microelectrode[J]. Analytical Biochemistry, 1993, 65(3):

247-250.

[40] 黄颖, 段建平, 杨明灿, 等. 毛细管电泳法测定黄瓜和西红柿中的谷胱甘肽[J]. 色谱, 2003, 21(54):510-512.

[41] 刘开敏, 王文坤, 吴丽云, 等. 毛细管电泳法测定动物肝脏中的谷胱甘肽[J]. 当代化工, 2012, (9):1003-1005.

[42] 杨昌国, 许宁. 酶循环法及其在酶法分析中的应用[J]. 临床检测杂志, 2001, 19(5):310-311.

[43] MouradT, Min K L, Steghens J P. Measurement of oxidized glutathione by enzymatic recycling coupled to bioluminescent detection[J]. Analytical Biochemistry, 2000, 283(2):146-152.

[44] Baker M A, Cerniglia G J, Zaman A. Midrotiter plate assay for the measurement of glutathione and glutathione disulfide in large numbers of biological samples[J]. Analytical Biochemistry, 1990, 190:360-365.

[45] 彭凌涛, 王江, 李琳. 水稻谷氨酰半胱氨酸合成酶基因的结构和表达分析[J]. 植物生理与分子生物学学报, 2004, 30(5):533-540.

[46] Bourboulour A, Shahi P, Chaktadar A. Hgtlp, a high affinity glutathione transporter from the yeast Saccharomyces cerevisiae [J]. The Journal of Biological Chemistry, 2000, 275:13259-13265.

[47] Bogs J, Bourbouloux A, Cagnaco, et al. Functional characterization

and expression analysis of a glutathione transporter, BjGT1, from Brassica Juncea: evidence for regulation by heavy metal exposure[J]. Plant Cell and Environment, 2003, 51:256–263.

[48] 麦维军, 王颖, 梁承邺, 等. 谷胱甘肽在植物抗逆中的作用[J]. 广西植物, 2005, 25(6):571.

[49] Noctor G, Gomez L, Len Vanacker H, et al. Interactions between biosynthesis, compartmentation and transport in the control of glutathione homeostasis and signaling[J]. Journal of Experimental Botany, 2002, 53(372):1283–1304.

[50] Schneider A, Schatten T, Rennenbeng H. Reduced glutathione (GSH) transpord in cultured tobacco cells[J]. Plant Physiology and Biochemistry, 1992, 30:29–38.

[51] Foyer C H, Theodoulou F L, Delrot S. The functions of inter- and intracellular glutathione transport systems in plants [J]. Trends in Plant Science, 2001, 6:486–492.

[52] Foyer C H, Souriau N, Perret S, et al. Overexpression of glutathione reductase but not glutathione synthetase leads to increases in antioxidant capacity and resistance to photo inhibition in poplar trees. Plant Physiology, 1995, 109(3):1047–1057.

[53] 陈坤明, 宫海军, 王锁民. 植物谷胱甘肽代谢与环境胁迫[J]. 西北植物学报, 2004, 24(6): 1119–1130.

[54] Noctor G, Foyer C H. Ascorbate and glutathione: keeping active

oxygen under control [J]. Annual Review of Plant Physiology and Plant Molecular Biology, 1998, 49:249-279.

[55] Foyer C H, Halliwell B. The presence of glutathione and glutathione reductase in chloroplasts: a proposed role in ascorbic acid metabolism[J]. Plants, 1994a, 133:21-25.

[56] Foyer C H, Descourvieres P, Kunert K J. Protection against oxygen radicals: An important defense mechanism studied in transgenic plants[J]. Plant Cell and Environment, 1994b, 17:507-523.

[57] 鲁丽丽, 刘耕, 李君, 等. 外源GSH对NaCl胁迫下二色补血草盐害缓冲机理的研究[J]. 山东师范大学学报(自然科学版), 2006, 21(2):108-111.

[58] Pryer W A. Oxy-radical and related species: their formation, life 2 time and reactions[J]. Annual Review of Physiology, 1986(48): 657.

[59] Prasad T K, Anderson M D, Martin B A, et al. Evidence for chilling -induced oxidative stress in maize seedlings and a regulatory role for hydrogen peroxide[J]. Plant Cell, 1994, 6:65-74.

[60] Polidoros A N, Mylona P V, Scandalios J G. Transgenic tobacco plants expressing the maize Cat2 gene have altered catalase levels that affect plant-pathogen interactions and resistance to oxidative stress[J]. Transgentic Research, 2001, 10(6):555-569.

[61] 闫慧芳, 毛培胜, 夏方山. 植物抗氧化剂谷胱甘肽研究进展 [J]. 草地学报, 2013, 21(3):428-434.

[62] 吴锦程, 梁杰, 陈建琴, 等. GSH对低温胁迫下枇杷幼果叶绿 体AsA-GSH循环代谢的影响[J]. 林业科学, 2009, 45(11):15- 19.

[63] Potters G, Horemans N, Bellone S, et al. Dehydroascor – bate influences the plant cell cycle through a glutathione independent reduction mechanism[J]. Plant Physiology, 2004, (134):1479-1487.

[64] Mhamdi A, Hager J, Chaouch S, et al. Arabidopsis glutathione reductsde1 plays a crucial role in leaf responses to intracellular hydrogen peroxide and in ensuring appropriate gene expression through both salicylic acid and jasmonic acid signaling pathways [J]. Plant Physiology, 2010, 153(3):1144-1160.

[65] Eshdat Y, Holland D, Faltin Z, et al. Plant glutathione peroxidases [J]. Physiologia Plantarum, 1997, 100:234-240.

[66] Lu C. Regulation of glutathion esynthesis[J]. Current Topies Cell Regulation, 2000, 36:95-116.

[67] Sen C K, Packer L. Antioxidant and redox regulation of gene transcription[J]. The FASEB Journal: official publication of the Federation of American Societies for Experimental Biology, 1996, 10(7):709-720.

[68] 金春英, 崔京兰, 崔胜云. 氧化型谷胱甘肽对还原型谷胱甘肽清除自由基的协同作用[J]. 分析化学, 2009, 37(9):1349–1353.

[69] Kearns P R, Hall A G. Glutathione and the response of malignant cells to chemotherapy[J]. Drug Discovery Today, 1998, 3:113–121.

[70] 江力, 陈炜平. 烟草叶片发育过程中抗坏血酸–谷胱甘肽循环清除H_2O_2的研究[J]. 安徽农业科学, 2008, 36(29): 12575–12576,12578.

[71] Yuan L Y, Du J, Yuan Y H, et al. Effects of 24–epibrassionolide on ascorbate–glutathione cycle and polyamine levels in cucumber roots under $Ca(NO_3)_2$ stress[J]. Acta Physiologiae Plantarum, 2013, 35(1):253–262.

[72] 吴锦程, 梁杰, 陈建琴, 等. GSH对低温胁迫下枇杷幼果叶绿体AsA–GSH循环代谢的影响 [J]. 林业科学, 2009, 45(11): 15–19.

[73] 方学智, 朱祝军, 孙光闻. 不同浓度Cd^{2+}对小白菜生长及抗氧化系统的影响[J]. 农业环境科学学报, 2004, 23(5): 877–880.

[74] Shao H B , Chen X Y , Chu L Y, et al. Investigation on the relationship of proline with wheat anti–drought under soil water deficits[J]. Colloids and surfaces B: Biointerfaces, 2006, 53(1): 113–119.

[75] Rao M V, Hale B A, Ormrod D P. Amelioration of ozone induced oxidative damage in wheat plants grown under high carbon

dioxide[J]. Plant Physiology, 1995, 109(2):421-432.

[76] 王俊力, 王岩, 赵天宏, 等. 臭氧胁迫对大豆叶片抗坏血酸-谷胱甘肽循环的影响[J]. 生态学报, 2011, 31(8):2068-2075.

[77] 郭丽红, 王定康, 王德斌, 等. 抗坏血酸和谷胱甘肽在小麦幼苗冷激诱导抗冷性中的变化[J]. 昆明师范高等专科学校学报, 2007, 29(4):66-68.

[78] Dixon D P. Glutathione-mediated detoxification systeme in plant [J]. Current Opinion in Plant Biology, 1998, (1):258-266.

[79] 麦维军, 王颖, 梁承邺, 等. 谷胱甘肽在植物抗逆中的作用[J]. 广西植物, 2005, 25(6):570-575.

[80] Rauser W E. Phytochelatin[J]. Annual Review of Biochemistry, 59:61-86.

[81] Vernoux T, Wilson R C, Seley K A, et al. The root meristemless1/cadmium sensitive 2 genede fines a glutathione-dependent pathway involved in initiation and maintenance of cell division during postembryonic root development [J]. Plant Cell, 2000, 12: 97-110.

[82] 卢龙斗, 刘林, 赵昕鹏, 等. 镉、锌胁迫下红花GSH含量的变化 [J]. 安徽农业科学, 2014, 42(26):8960-8961.

[83] Semane B, Cuypers A, Smeets K, et al. Cadmium responses in Arabidopsis thaliana: glutathione metabolism and antioxidative defence system[J]. Physiologia Plantarum, 2007, 129(3):519-

528.

[84] Gisbert C, Ros R, De-Haro A, et al. A plant genetically modified that accumulates Pb is especially promising for phytoremediation [J]. Biochemical and Biophysical Research Communications, 2003, 303(2):440-445.

[85] Gasic K, Korban S S. Transgenic Indian mustard (Brassica juncea) plants expressing an Arabidopsis phytochelatin synthase (AtPCS1) exhibit enhanced As and Cd tolerance [J]. Plant Molecular Biology, 2007, 64(4):361-369.

[86] Anderson J V, Chevone B I, Hess J L. Seasonal variation in the antioxidant system of eastern white pine needles: evidence for thermal dependence[J]. Plant Physiology, 1992, 98: 501-508.

[87] Dixon D P, Skipsey M, Edwards R. Roles for glutathione transferases in plant secondary metabolism[J]. Phytochemistry, 2010, 71:338-350.

[88] Giblin F J. Glutathione: a vital lens antioxidant[J]. Journal of Ocular Pharmacology and Therapeutics, 2000, 16:121-135.

[89] Navror N, Collin V, Gualberto J. Plant glutathione peroxidases are functional peroxiredoxins distributed in several subcellular compartments and regulated during biotic and abiotic stresses [J]. Plant Physiology, 2006, 142:1364-1379.

[90] Kampranis S C, Damianova R, Atallah M, et al. A novel plant

glutathione S-transferase/peroxidase suppresses Bax lethality in yeast[J]. Biological Chemistry, 2000, 275(38):29207-29216.

[91] Moons A. Osgstu3 and Osgtu4, encoding tau class glutathione S-transferases, are heavy metaland hypoxic stress induced and differentially salt stress responsive in rice roots [J]. FEBS Letters, 2003(553):427-432.

[92] Booth J, Boyland E, Si ms P. An enzyme from the rat liver catalyzing conjugation with glutathione[J]. Biochemical Journal, 1961, 79: 516-524.

[93] Irzyk G, Potter S, Ward E, et al. A cDNA clone encoding the 27-kilodalton subunits of glutathione S-transferase IV from Zea mays[J]. Plant Physiology, 1995, 107(1):311-312.

[94] Droog F N, Hooykaas P J, Libbenga K R, et al. Proteins encoded by an auxin- regulated gene family of tobacco share limited but significant homology with glutathione S-transferases and one member indeed shows in vitro GST activity [J]. Plant Molecular Biology, 1993, 21(6):965-972.

[95] Kunieda T, Fujiwara T, Amano T, et al. Molecular cloning and characterization of a senescence-induced tau-class glutathione stransferase from barley leaves[J]. Plant & Cell Physiology, 2005, 46(9):1540-1548.

[96] Liu X, Deng Z, Gao S, et al. Molecular cloning and characterization

of a glutathione S-transferase gene from Ginkgo biloba[J]. DNA Sequence, 2007, 18(5):371-379.

[97] Lee J H, Lee D H, Yu H E, et al. Isolation and characterization of a novel glutathione stransferase activating peptide from the oriental medicinal plant Phellodendron amurense[J]. Peptides, 2006, 27(9):2069-2074.

[98] Dudler R, Hertig C, Rebman G, et al. A pathogen-induced wheat gene encodes a protein homologous to glutathione stransferases [J]. Molecular Plant-Microbe Interactions, 1991, 4(1):14-18.

[99] Czarnecka E, Nagao R T, Key J L. Characterization of gmhsp26A, a stress gene encoding a divergent heat shock protein of soybean: heavy metal - induced inhibition of intron processing [J]. Molecular And Cellular Biology, 1988, 8(3):1113-1122.

[100] 胡廷章, 黄小云, 肖国生, 等. 水稻中一个谷胱甘肽转移酶基因的克隆、表达和酶活性分析[J]. 云南植物研究, 2008, 30 (6):688-692.

[101] 王丽萍. 碱蓬GST基因cDNA的克隆与表达及碱蓬cDNA过量表达文库转化拟南芥的研究[D]. 济南: 山东师范大学, 2002.

[102] Mhamdi A, Hager J, Chaouch S, et al. Arabidopsis glutathione reductase1 plays a crucial role in leaf responses to intracellular hydrogen peroxide and in ensuring appropriate gene expression through both salicylic acid and jasmonic acid signaling

pathways[J]. Plant Physiology, 2010, 153(3):1144-1160.

[103] Roxas V P, Roger K, Smith J R, et al. Over-expression of glutathione S -transferase/glutathione peroxidase enhances the growth of transgenic tobacco seedlings during stress[J]. Nature Biotechnology, 1997, 15:988-991.

[104] Yu T, li Y S, Chen X F, et al. Transgenic tobacco plants overexpressing cotton glutathione S -transferase (GST) show enhanced resistance to methyl viologen [J]. Journal of Plant Physiology, 2003, 160(11):1305-1311.

[105] Pallavi S, Rama S D. Drought induces oxidative stress and enhances the activities of antioxidant enzymes in growing rice seedlings [J]. Plant Growth Regulation, 2005, 46:209-221.

[106] Bowler C, Montagu M V, Inze D. Superoxide dismutase and stress tolerance. Ann. Rev[J]. Annual Review of Plant Physiology and Plant Molecular Biology, 1992, 43:83-116.

[107] Scandalios J G. Oxygen stress and superoxide dismutases[J]. Plant Physiology, 1993, 101:7-12.

[108] Slooten L, Capiau K, Van Camp W, et al. Factors affecting the enhancement of oxidative stress tolerance in transgenic tobacco overexpressing manganese superoxide dismutase in the chloroplasts[J]. Plant Physiology, 1995, 107:737-750.

[109] Mckersie B D, Bowley, S R, Jones K S. Winter survival of transgenic

alfalfa over expressing superoxide dismutase[J]. Plant Physiology, 1999, 119:839-848.

[110] 王以柔, 刘鸿先, 李平, 等. 在光照和黑暗条件下低温水稻幼苗光合器官膜脂过氧化作用的影响[J]. 植物生物学报, 1986, 12(3):244-251.

[111] 庞金安, 马德华, 霍振荣. 低温对喜温植物膜脂过氧化的影响[J]. 天津农业科学, 1997, 3(2): 39-44.

[112] 于贤昌, 邢禹贤, 马红, 等. 不同砧木与接穗对黄瓜嫁接苗抗冷性的影响[J]. 中国农业科学, 1998, 31(2):41-47.

[113] 曹锡清. 膜脂过氧化对细胞与机体的作用[J]. 生物化学与生物物理学进展, 1986(2):17-23.

[114] 马成仓, 洪法水. 汞对小麦种子萌发和幼苗生长作用机制初探[J]. 植物生态学报, 1998, 22(4):373-378.

[115] 王春涛, 施国新, 徐勤松, 等. 外源钕减轻了重金属镉对莚草的毒害作用[J]. 中国稀土学报, 2004, 22(6):821-824.

[116] 丁海东, 齐乃敏, 朱为民, 等. 镉、锌胁迫对番茄幼苗生长及其脯氨酸与谷胱甘肽含量的影响[J]. 中国生态农业报, 2006, 14(2):53-55.

[117] 刘传平, 郑爱珍, 田娜, 等. 外源GSH对青菜和大白菜镉毒害的缓解作用[J]. 南京农业大学学报, 2004, 27(4):26-30.

[118] 郑光华. 种子生理的研究[J]. 植物生理学通讯, 1979(2):7-13.

[119] Srivalliet B, Chinnusamy V, Khanna-Chopra R. Antioxidant

defense in response to abiotic stresses in plants[J]. Journal of Plant Biology, 2003, 30:121–139.

[120] Shikanai T, Takeda T, Yamauchi H, et al. Inhibition of ascorbate peroxidase under oxidative stress in tobacco having bacterial catalase in chloroplasts[J]. FEBS Letters. 1998, 428:47–51.

[121] Miyagawa Y, Tamoi M, Shigeoka S. Evaluation of the defence system in chloroplasts to photooxidative stress caused by paraquat using transgenic tobacco plants expressing catalase from Escherichia coli[J]. Plant And Cell Physiology, 2000, l41:311–320.

[122] Polidoros A N, Mylona P V, Scandalios J G. Transgenic tobacco plants expressing the maize Cat2 gene have altered mcatalase levels that affect plant–pathogen interactions and resistance to oxidative stress[J]. Transgenic Research, 2001, 10(6): 555–569.

[123] 师守国, 梁东, 马锋旺. 苹果谷胱甘肽还原酶cDNA片段的克隆及表达分析[J]. 西北农业学报, 2007, 16(6): 97–101.

[124] Pastori G, Foyer C H, Mullineaux P. Low temperature–induced changes in the distribution of H_2O_2 and antioxidants between the bundle sheath and mesophyll cells of maize leaves [J]. Journal of Experimental Botany, 2000, 51(342): 107–113.

[125] Gill S S, Anjum N A, Hasanuzzaman M, Gill R, et al. Glutathione and glutathione reductase: a boon in disguise for plant abiotic

stress defense operations[J]. Plant Physiology and Biochemistry, 2013, 70: 204–212.

[126] 史仁玖, 赵茂林, 杨清. 多枝赖草谷胱甘肽还原酶基因的克隆及分析[J]. 西北农林科技大学学报(自然科学版). 2006, 34 (2):61–67.

[127] Tang X, Webb M A. Soybean root nodule cDNA encoding glutathione reductase[J]. Plant Physiology, 1994, 104: 1081–1082.

[128] Kaminaka H, Morita S. Nakajima M, et al. Gene cloning and expression of cytosolic glutathione reductase in rice (Oryza sativa L.)[J]. Plant And Cell Physiology, 1998, 39(12):1269–1280.

[129] Fck T, Pua E C. Isolation of a cDNA clone encoding glutathione reductase from mustard (Brassica juncea [L.] Czern and Coss) (Accession No. AF109694). (PGR99–098).[J]. 1999.

[130] Sevens R G, Creissen G P, Mullineaux P M. Cloning and characterization of a cytosolic glutathione reductase cDNA from Peasativum L.)and its expression in response to stress [J]. Plant Molecular Biology, 1997, 35:641–654.

[131] Fanyi J, Ulf H, Grazyna E S, et al. Genomic cloning, sequencing, and regulation of the glutathione reductase gene from the Cyanobacterium anabaena PCC 7120 [J]. Journal of Biological Chemistry, 1995, 270:22882–22889.

[132] Lee H, Won S H, Lee B H, et al. Genomic cloning and characterization of glutathione reductase gene from Brassica campestris var. pekinensis[J]. Molecules & Cells, 2002, 13(2): 245-251.

[133] 宫维嘉, 金赞敏, 王长海. 海水胁迫下库拉索芦荟南盐1号抗氧化酶活力的变化[J]. 江苏农业科学, 2006, 6:348-350.

[134] Foyer C H, Souriau N, Perret S, et al. Overexpression of glutathione reductase but not glutathione synthetase leads to increases in antioxidant capacity and resistance to photo inhibition in poplar trees[J]. Plant Physiology, 1995, 109(3):1047-1057.

[135] Ding S H, Lei M, Lu Q T, et al. Enhanced sensitivity and characterization of photosystem II in transgenic tobacco plants with decreased chloroplast glutathione reductase under chilling stress[J]. Biochimica et Biophysica Acta-Biomembranes, 2012, 1817(11):1979-1991.

[136] Apel K, Hilt H. Reactive oxygen species: metabolism, oxidative stress, and signal transduction. Annu[J]. Annual Review of Plant Biology, 2004, 55:373-399.

[137] Kwone S Y, Jeong Y J, Lee H S, et al. Enhanced tolerances of transgenic tobacco plants expressing both superoxide dismutase and ascorbate peroxidase in chloroplasts against methyl viologen-mediated oxidative stress[J]. Plant Cell and Environment, 2002,

25:873-882.

[138] De Pinto M C, De Gara L. Changes in the ascorbate metabolism of apoplastic and symplastic spaces are associated with cell differentiation [J]. Journal of Experimental Botany, 2004, 55:2559-2569.

[139] Arrigoni O, Calabrese G, De Gara L, et al. Correlation between changes in cell ascorbate and growth of Lupinus allms seedlings[J]. Journal of Plant Physiology, 1997, 150:302-308.

[140] Tommasi F, Paciolla C, De Pinto M C, et al. A comparative study of glutathione and ascorbate metabolism during germination of Pinus pinea L. seeds[J]. Journal of Experimental Botany, 2001, 52:1647-1654.

[141] Chen Z, Gallic D R. Increasing tolerance to ozone by elevating foliar ascorbic acid confers greater protection against ozone than increasing avoidance[J]. Plant Physiology, 2005, 138:1673-1689.

[142] Wang Y P, He W L, Huang H Y, et al. Antioxidative responses to different altitudes in leaves of alpine plant polygonum vivipcirim in summer[J]. Acta Physiologiae Plantarum, 2009, 31: 839-848.

[143] Mittler R. Oxidative stress, antioxidants and stress tolerance [J]. Trend in Plant Science, 2002, 7:405-410.

[144] 刘振玉. 谷胱甘肽的研究与应用[J]. 生命的化学, 1995, 15(1):

19-20.

[145] 华春, 王仁雷, 刘友良. 外源GSH对盐胁迫下水稻叶绿体活性氧清除系统的影响[J]. 植物生理与分子生物学学报, 2003, 29(5):415-420.

[146] 刘传平, 郑爱珍, 田娜, 等. 外源GSH对青菜和大白菜镉毒害的缓解作用[J]. 南京农业大学学报, 2004, 27(4):256-30.

[147] 晁岳恩, 张敏, 卢玲丽, 等. 谷胱甘肽在东南景天Zn/Cd超积累过程中的作用[J]. 浙江大学学报(农业与生命科学版), 2007, 33(6):597-601.

[148] 陈玉胜. 外源谷胱甘肽对水稻种子萌发过程中铜毒害的缓解效应[J]. 南京晓庄学院报, 2007, 12(6):66-69.

[149] 陈玉胜. 外源谷胱甘肽对大豆种子萌发过程中铜毒害的缓解效应[J]. 大豆科学, 2012, 31(2):247-251.

[150] 陈沁, 刘友良. 谷胱甘肽对盐胁迫大麦叶片活性氧清除系统的保护作用[J]. 作物学报, 2000, 26(3):365-371.

[151] 陈大清, 王健. 高温胁迫下谷胱甘肽对离体玉米叶片的保护效应[J]. 湖北农学院学报, 1997, 17(4):254-256.

[152] 曾韶西, 王以柔. 低温胁迫对黄瓜子叶抗坏血酸过氧化物酶活性和谷胱甘肽含量的影响[J]. 植物生理学报, 1990,16(1):37-43.

[153] 贾志银. 辣椒耐热生理生化特性及谷胱甘肽处理效应研究[D].陕西:西北农林科技大学,2010:22-25.

[154] 丁继军, 潘远智, 李丽, 等. 外源谷胱甘肽对石竹幼苗镉毒害的缓解效应[J]. 植物生态学报, 2013, 37(10):950–960.

[155] 刘会芳, 何晓玲, 马展, 等. 外源GSH对NaCl胁迫下番茄幼苗生长及AsA–GSH循环的影响[J]. 石河子大学学报(自然科学版), 2014, 32(3):265–271.

[156] 高伟, 张明才, 段留生. 谷胱甘肽及其类似物对小麦耐热性的影响[J]. 科技导报, 2012, 30(12):32–36.

[157] 彭向永, 常宝, 徐术人, 等. 谷胱甘肽对小麦幼苗铜毒害的缓解作用及其与氮、硫、磷积累的相关性[J]. 农业环境科学学报, 2012, 31(5):867–873.

[158] 韩阳, 吴斌, 李珍珍. 谷胱甘肽对老化小麦种子影响的研究[J]. 辽宁大学学报, 2002, 219(3):275–278.

[159] 马彦霞, 郁继华, 张国斌, 等. 谷胱甘肽对自毒作用下辣椒叶片光合特性的影响[J]. 核农学报, 2012, 26(2)396–402.

[160] 马彦霞, 郁继华, 张国斌, 等. 外源谷胱甘肽对自毒作用下辣椒幼苗生长的影响[J]. 甘肃农业大学学报, 2009, 10(5):30–34.

[161] Lee J M. Cultivation of gratfed vegetables I : Current status, gratfing methods and benefits [J]. Horticultural Science, 1994, 29:235–239.

[162] 吴凤芝, 赵凤艳, 刘元英. 连作障碍原因综合分析与防治措施[J]. 东北农业大学学报, 2000, 31(3):241–247.

［163］驹田旦. 土壤病害の发生生态と防治［D］. 日本京都: タキイ
种苗株式会社, 1992.

［164］于贵瑞, 韩静淑. 连作与轮作体系中土壤微生物区系的动态
分析［J］. 辽宁农业化学, 1989 (3):18-23.

［165］郑军辉, 叶素芬, 喻景权. 蔬菜作物连作障碍产生原因及生
物防治［J］. 中国蔬菜, 2004 (3):56-58.

［166］高子勤, 张叔香. 连作障碍与根际微生态研究I. 根系分泌物
及其生态效应［J］. 应用生态学报, 1998, 9(5):549-554.

［167］谷祖敏, 庄敬华, 高增贵, 等. 黄瓜枯萎病菌无毒突变株的稳
定性［J］. 植物保护学报, 2003, 30(3):331-332.

［168］魏大钊. 西北的瓜 ［M］. 西安: 陕西科学技术出版社, 1987:
40-45.

［169］赵尊练, 谭根堂, 严小良, 等. 辣椒高效生产实用技术［M］.
陕西: 西北农林科技大学出版社, 2003: 58-59.

［170］郭晓冬. 设施栽培条件下土壤的连作障碍及防治措施［J］. 甘
肃农业科技, 2003 (7):38-40.

［171］田丽萍, 王帧丽, 陶丽琼. 大棚蔬菜连作障碍原因与防治措
施［J］. 石河子大学学报, 2000, 4(2):159-162.

［172］吴风芝, 王伟. 大棚番茄土壤微生物区系研究［J］. 北方园艺,
1999 (3):1-2.

［173］章有为, 陈淡飞. 温室土壤次生盐渍化的形成和治理途径
［J］. 园艺学报, 1991 (8):197-202.

[174] 吴凤芝. 酚酸类物质对黄瓜幼苗生长及保护酶活性的影响
[J]. 中国农业科学, 2002, 35(7):821-825.

[175] 黄锦法, 李艾芬, 马树国, 等. 保护地土壤障碍的农化性状指
标[J]. 浙江农业学报, 2000, 12(5)285-289.

[176] 王广印, 周秀梅, 谢玉会, 等. 辣椒植株水浸液对辣椒种子萌发
的自毒作用[J]. 上海交通大学学报(农业科学版), 2008(5):
407-410.

[177] 吕卫光, 张春兰, 袁飞, 等. 化感物质抑制连作黄瓜生长的作
用机理[J]. 中国农业科学, 2002, 35(1):106-109.

[178] 赖斯. 天然化学物质与有害生物的防治 [M]. 胡敦孝译. 北
京: 科学出版社. 1988:19-28.

[179] 喻景权, 杜尧舜. 蔬菜设施栽培可持续发展中的连作障碍问
题[J]. 沈阳农业大学学报, 2000, 31(1):124-126.

[180] Yu J Q, Matsui Y. Exaction and identification of phytotoxic
substances accumulated in the nutrient solution for the hydroponic
culture of tomato[J]. Soil Science and Plant Nutrition, 1993, 39:
13-22.

[181] Willamson G B, Richardson D. Bioassays for allelopathy: Measuring
treatment responses with independent controls [J]. Journal of
Chemical Ecology (USA), 1988, 14(1):181-187.

[182] 陈捷. 植物残体对黄瓜幼苗的影响研究初报[J]. 辽宁农业科
学, 1990(3):42-45.

[183] 王倩. 西瓜连作障碍中的毒作用及酚酸类物质作用机理的研究[D]. 北京: 中国农业大学, 2002.

[184] 童有为, 陈淡飞. 温室土壤次生盐渍化的形成和治理途径[J]. 园艺学报, 1991, 18(2):159-162.

[185] 吴艳飞, 张雪艳, 李元等. 轮作对黄瓜连作土壤环境和产量的影响[J]. 园艺学报, 2008, 35(3):357-362.

[186] 孙光闻, 陈日远, 刘厚诚. 设施蔬菜连作障碍原因及防治措施[J]. 农业工程学报, 2005, 21(增刊):184-188.

[187] 党建友, 陈永杰, 雷振宇. 两种有机肥及氮磷钾配施对塑料大棚番茄产量的影响[J]. 陕西农业科学, 2006 (1):28-29.

[188] 郭文龙, 党菊香, 吕家珑, 等. 不同年限蔬菜大棚土壤性质演变与施肥问题研究[J]. 干旱地区农业研究, 2005, 23(1):85-89.

[189] 朱林, 张春兰, 沈其荣. 施用稻草等有机物料对连作黄瓜根系活力、硝酸还原酶、ATP酶活力的影响[J]. 中国农学通报, 2002, 18(1):17-19.

[190] 赵尊练, 史联联, 阎玉让, 等. 克服线辣椒连作障碍的施肥方案研究[J]. 干旱地区农业究, 2006, 24(5):77-81.

[191] 周晓芬, 杨军芳. 不同施肥措施及EM菌剂对大棚黄瓜连作障碍的防治效果[J]. 河北农业科学, 2004, 8(4):89-92.

[192] Francisco A M, Rose M V, Ascersion T and Jose M G M. Potential allelopathic guaianolides from cultivar sunflower

leaves[J]. Phytochemistry, 1993, 34:669–674.

[193] 喻国辉, 谢银华, 陈燕红, 等. 利用微生物缓解苯丙烯酸对黄瓜生长的抑制[J]. 微生物学报, 2006, 46(6):934–938.

[194] 胡繁荣. 设施蔬菜连作障碍原因与调控措施探讨[J]. 金华职业技术学院学报, 2005, 5(2):18–22.

[195] 周长勇, 张秀清, 尹旭彬. 番茄嫁接苗与自根苗的对比试验[J]. 中国蔬菜, 2001(4):32–33.

[196] 崔洪宇, 吴波, 吴东凯, 等. 蔬菜嫁接抗病增产机理的探讨[J]. 北方园艺, 2007(10):71–74.

[197] Louws F J, Rivard C L, Kubota C. Grafting fruiting vegetables to manage soilborne pathogens, foliar pathogens,arthropods and weeds[J]. Scientia Horticulturae, 2010,127:127–146.

[198] 周宝利, 刘娜, 叶雪凌, 等. 嫁接茄子根系分泌物变化及其对黄萎菌的影响[J]. 生态学报, 2011, 31(3):749–759.

[199]Lee J M. Cultivation of grafted vegetbales Ⅰ.Current status, Grafting methods and benefits[J]. Hortscience A Publication of the American Society for Horticultural Science, 1994, 29(4): 235–239.

[200] 王绍辉, 孔云, 杨瑞, 等. 嫁接番茄抗根结线虫砧木筛选及抗性研究[J]. 中国蔬菜, 2008(12):24–27.

[201] 梁朋, 陈振德, 罗庆熙. 南方根结线虫对不同砧木嫁接番茄苗活性氧清除系统的影响[J]. 生态学报, 2012, 32(7):2294–2302.

［202］陈振德, 王佩圣, 周英, 等. 不同砧木对黄瓜产量, 品质及南方根结线虫防治效果的影响［J］. 中国蔬菜, 2012 (8):57–62.

［203］黄天云, 赵兴爱, 蒋雪荣. 不同砧木嫁接番茄抗青枯病效果比较［J］. 长江蔬菜, 2009(10):55–56.

［204］刘业霞, 姜飞, 张宁, 等. 嫁接辣椒对青枯病的抗性及其与渗透调节物质的关系［J］. 园艺学报, 2011, 38 (5):903–910.

［205］杨茹薇, 秦勇, 吴慧, 等. 辣椒嫁接抗疫病效果研究［J］. 新疆农业大学学报, 2010, 33(1):27–30.

［206］姜飞, 刘业霞, 刘伟, 等. 嫁接辣椒根腐病抗性及其与苯丙烷类物质代谢的关系［J］. 中国蔬菜, 2010 (8):46–52.

［207］王汉荣, 茹水江, 王连平, 等. 黄瓜嫁接防治枯萎病和疫病技术的研究［J］. 浙江农业学报, 2004, 16(5):336–339.

［208］刘润秋, 张红梅, 徐敬华, 等. 砧木对嫁接西瓜生长及品质的影响［J］. 上海交通大学学报(农业科学版), 2003, 21(4):289–294.

［209］徐胜利, 陈小青, 陈青云. 嫁接西瓜植株的生理特性及其抗枯萎病能力［J］. 中国农学通报, 2004, 20(2):149.

［210］Chang P F L, Hsu C C, Lin Y H, et al. Histopathology comparison and phenylalanine ammonia lyase(PAL) gene expressions in Fusarium wilt infected watermelon［J］. Australian Journal of Agricultural Research, 2008, 59:1146–1155.

［211］Zvirin T, Herman R, Brotman Y, et al. Differential colonization and defence responses of resistant and susceptible melon lines infected by Fusarium oxysporum race 1·2[J]. Plant Pathology, 2010, 59:576-585.

[212] Park S M, Lee J S, Jegal S, et al. Transgenic watermelon rootstock resistant to CGMMV (cucumber green mottle mosaic virus) infection[J]. Plant Cell Reports, 2005, 24:350-356.

[213] 雷鸣. 嫁接对西瓜枯萎病抗性的影响[J]. 安徽农业科学, 2001, 29(5):655-656.

[214] Ahn S J, Im Y J, Chung G C, et al. Physiological responses of grafted -cucumber leaves and rootstock affected by low temperature[J]. Scientia Horticulturae, 1999, 81:397-408.

[215] 张圣平, 顾兴芳, 王烨, 等. 低温胁迫对以野生黄瓜(棘瓜)为砧木的黄瓜嫁接苗生理生化指标的影响[J]. 西北植物学报, 2005, 25(7):1428-1432.

[216] 史跃林, 刘佩瑛, 罗庆熙, 等. 黑籽南瓜砧对黄瓜抗盐性的影响研究[J]. 西南农业大学学报, 1995, 17(3):232-236.

[217] 孙艳, 黄炜, 田霄鸿. 黄瓜嫁接苗生长状况、光合特性及养分吸收特性的研究[J]. 植物营养与肥料学报, 2002, 8(2):181-185.

[218] Schwarz D, Rouphael Y, Colla G, et al. Grafting as a tool to improve tolerance of vegetables to abiotic stresses: Thermal stress, water stress and organic pollutants[J]. Scientia Horticulturae,

2010, 127:162-171.

[219] 周宝利, 孟兆华, 李娟, 等. 水分胁迫下嫁接对茄子生长及其生理生化指标的影响[J]. 生态学杂志, 2012, 31(11):2804-2809.

[220] 范双喜, 王绍辉. 高温逆境下嫁接番茄耐热特性研究[J]. 农业工程学报(增刊), 2005, 21(12):60-63.

[221] 张衍鹏, 于贤昌, 张振贤, 等. 日光温室嫁接黄瓜的光合特性和保护膜活性[J]. 园艺学报, 2004, 31(1):94-96.

[222] Zaiter H Z, Coyne D P, Clark R B. Temperature, grafting method, and rootstock influence on iron-deficiency chlorosis of bean[J]. Journal of the American Society for Horticultural Science (USA), 1987, 112(6):1023-1026.

[223] Kato T, Lou H. Effect of rootstock on the yield, eggplant mineral nutrition and hormone level in xylem sap in [Solanum metongena] [J]. Journal of the Japanese Society for Horticultural Science, 1989, 58(2):345-352.

[224] 陈贵林, 包兰春, 赵丽丽. 嫁接西瓜生长动态及伤流液营养元素含量的研究[J]. 河北农业大学学报, 1999, 22(3): 38-49.

[225] Gomi K, Masuda M. Studies on the characteristics of nutrient absorption of rootstock in grafting fruit vegetable[J]. Bulletin of the Faculty of Agriculture, 1981, 27(2):179-186.

[226] 孙艳, 黄炜, 田霄鸿. 黄瓜嫁接苗生长状况、光合特性及养分

吸收特性的研究[J]. 植物营养与肥料学报, 2002, 8(2):181-185.

[227] Albacete A, Martinez –Andujar C, Ghanem M E, et al. Rootstock-mediated changes in xylem ionic and hormonal status are correlated with delayed leaf senescence, and increased leaf area and crop productivity in salinized tomato[J]. Plant Cell and Environment, 2009, 32:928-938.

[228] Xu S L, Chen Q Y, Chen X Q, et al. Relationship between grafted muskmelon growth and polyamine and polyamine oxidase activities under salt stress [J]. Journal of Fruit Science, 2006, 23:260-265.

[229] Rice E L. Allelopathy(2ed edition)[M]. New York: Academic Press, 1984:23-28.

[230] WhiteheasdDC, Hazel D, HartleyRD. Bound phenolic compounds in wheat extracts of soil, plant roots and leaf litter [J]. Soil Biology and Biochemistry, 1983, 15(2):133-136.

[231] 韩晓增, 许艳丽. 大豆重迎茬研究[M]. 哈尔滨: 哈尔滨工程大学出版社, 1992:73-77.

[232] Tang C S, Young C C. Collection and identification of allelopathic compounds from the undisturbed root system of Bigalta limpograss (Hemarthria altissima)[J].Plant Physiology, 1982, 69:155-160.

[233] 王峰, 张琪, 蔡崇法. 生化他感物质的收集与分离[J]. 科技进步与对策, 2000, 17(12):198-199.

[234] 曾任森, 林象联, 骆世明. 膨蜈菊的生化他感作用及其生化他感作用物的分离鉴定[J]. 生态学报, 1996, 16(3): 20-27.

[235] 侯永侠, 周宝利, 吴晓玲, 等. 辣椒秸秆腐解物化感作用的研究[J]. 应用生态学报, 2006, 17 (4):699-702.

[236] Yu J Q, Matsui Y. Effects of root exudates of cucumber (Cucumis sativus) and allelochemicals on ion uptake by cucumber seedlings[J]. Journal of Chemical Ecology, 1997, 23 (3):817-827.

[237] 李寿田, 周健民, 王火焰, 等. 植物化感作用机理的研究进展[J]. 农村生态环境, 2001, 17(4):52-55.

[238] 喻景权, 松井佳久. 豌豆根系分泌物自毒作用的研究[J]. 园艺学报, 1999, 26(3):175-179.

[239] 耿广东, 张素勤, 程智慧. 香草醛对莴苣的化感作用及其作用机制[J]. 西北农业学报, 2009, 18(3):209-212,217.

[240] 彭少麟, 南蓬, 钟扬. 高等植物中的萜类化合物及其在生态系统中的作用[J]. 生态学杂志, 2002, 21(3):33-38.

[241] Harleen K I, Shalini K. Cellular evidence of allelopathic interference of benzoic acid to mustard (Brassica juncea L.) seedling growth[J]. Plant Physiology and Biochemistry, 2005, 43:271-282.

[242] Baziramakwnga R, Leroux G D, Simard R R, et al. Effects of benzoic and cinnamic acid on growth, mineral composition and chlorophyll content of soybean[J]. Journal of Chemical Ecology, 1995, 20:2821-2833.

[243] Cruz O R, Anaya A L, Ramos L. Effects of allelochmical compounds of corn pollen on respiration and cell division of watermelon [J]. Journal of Chemical Ecology, 1988, 14(1):71-86.

[244] Politycka B. Free and glucosylated phenolics, phenol β - glucosyl transferase activity and membrane permeability in cucumber roots affected by derivatives of cinnamic and benzoic acids[J]. Acta Physiologiae Plantarum, 1997, 19(3):311-317.

[245] 贺丽娜, 梁银丽, 高静, 等. 连作对设施黄瓜产量和品质及土壤酶活性的影响[J]. 西北农林科技大学学报(自然科学版), 2008, 36(5):155-159.

[246] 余叔文, 汤章城. 植物生理与分子生物学 (第二版)[M]. 北京: 科学出版社, 1998:699-720.

[247] 陈绍莉, 周宝利, 尹玉玲, 等. 茄子自毒物质胁迫下嫁接对其生长及土壤生化特性的影响[J]. 园艺学报, 2010, 37(6):906-914.

[248] Zeng S Z, Luo S M, Shi Y H, et al. Physiological and biochemical mechanism of allelopathy of secalonic acid on higher plants [J]. Agronomy Journal, 2001, 93(1):72-79.

[249] 何华勤, 林文雄. 水稻化感作用潜力研究初报[J]. 中国生态农业学报, 2001, 9(2):47-49.

[250] Leslie C A, Romani R G. Inhibition of ethylene biosynthesis by salicylic acid[J]. Plant Physiology, 1998 (88):833-837.

[251] 肖祥希, 刘星辉, 杨宗武. 等. 铝胁迫对龙眼幼苗蛋白质和核酸含量的影响[J]. 林业科学, 2006, 42(10):24-30.

[252] Meyer M C, Paschke M W, Mclendon T, et al. Decreases in soil microbial function and functional diversity in response to depleted uranium [J]. Journal of Environmental of Quality, 1998, 27(6):1306-1311.

[253] Ni H W. Present status and prospect of crop allelopathy in China [A]. Kim KU and Shin DH (eds), Rice Allelopathy. Kyungpook: Kyunpook National University, 2000:41-48.

[254] Singh H P, Batish D R and Kohli R K. Autotoxicity: Concept, organisms and ecological significance[J]. Critical Reviews in Plant Sciences, 1999, 18: 757-772.

[255] Jing, Quan, YuYoshihisa, et al. Phytotoxic substances in root exudates of cucumber (Cucumis sativus L.)[J]. Journal of Chemical Ecology, 1994, 20(1): 21-31.

[256] Asao T, Umeyama M, Ohta K, et al. Decrease of yield of cucumber by non-renewal of the Hydroponic nutrient solution and its reversal by supplementation of activated charcoal[J].

Engei Gakkai zasshi, 1998, 67(1):99–105.

[257] Asao T, Ohtani N, Shimizu N, et al. Possible selection of cucumber cultivars suitable for a closed hydroponoics system by the bioassay with cucumber seedlings[J]. Shokubutsu Kojo Gakkaishi, 1998, 10(2):92–95.

[258] Lyu S W, Blum U. Effects of ferulic acid, an allelopathic compound,on net P, K and water uptake by cucumber seedlings in a split root system [J]. Journal of Chemical Ecology, 1990, 16(8):2429–2439.

[259] Yu J Q, Matsui Y. Effects of root exudates of cucumber (Cucumis sativus) and allelochemicals onion uptake by cucumber seedlings[J]. Journal of Chemical Ecology, 1997, 23: 317–327.

[260] 胡元森, 李翠香, 杜国营, 等. 黄瓜根分泌物中化感物质的鉴定及其化感效应生态环境[J]. 2007, 16(3):954–957.

[261] Kim Y S, Kil B S. Identification and growth inhibition of phytotoxic substande from tomato plant[J]. The Korean Journal of Botany (Korea R.), 1989, 32(1): 41–50.

[262] 周志红, 骆世明, 牟子平. 番茄植株中几种化学成分的化感效应[J].华南农业大学学报,1998,19(3):56–60.

[263] Dhindsa R S, Plumb-Dhindsa A P, Thorpe T A. Leaf senescence: correlated with increased levels of memembrane permeability and

lipid peroxidation, and decreased levels of superoxide dismutase and catalase[J]. Journal of Experimental Botany, 1981, 32:93–101.

[264] 程智慧, 徐鹏. 百合根系分泌物的GC-MS鉴定[J]. 西北农林科技大学学报(自然科学版), 2012, 40(9):202–208.

[265] 韩丽梅, 王树起, 鞠会艳, 等. 吸附树脂提取的大豆根分泌物种类的GC-MS分析[J]. 大豆科学, 2003, 22(4):301–305.

[266] 王英. 伊贝母连作障碍中自毒作用研究[D]. 新疆:新疆师范大学, 2010:33–34.

[267] 戚建华. 嫁接黄瓜连作障碍的研究[D]. 陕西: 西北农林科技大学, 2004.

[268] 戚建华, 梁银丽, 梁宗锁. 嫁接黄瓜地上部的南瓜根系分泌物对种子萌发的影响[J]. 植物生理与分子生物学学报, 2005, 31(2):217–220.

[269] Eshda T Y, Holland D, Faltin Z, et al. Plant glutathione peroxidases [J]. Physiologia Plantarum, 1997, 100:234–240.

[270] 王秋芬. 外源性谷胱甘肽对丽江云杉体胚发生成熟期生理生化的影响[D]. 北京: 中国林业科学研究院, 2012:37–44.

[271] 莫亿伟, 郑吉祥, 李伟才, 等. 外源抗坏血酸和谷胱甘肽对荔枝保鲜效果的影响 [J]. 农业工程学报, 2010, 26 (3):363–368.

[272] 刘萍, 吕艳娜, 张小冰, 等. GSH与AsA对牡丹花瓣生理生化

的调控研究[J]. 北方园艺, 2010,(11):107-109.

[273] 姜玉东, 王子华, 高俊平. 谷胱甘肽对切花月季'Samantha'失水胁迫耐性的影响[J]. 园艺学报, 2010, 37(4):597-606.

[274] 蔡悦. 水稻耐镉的基因型差异及外源GSH缓解镉毒害的机理研究[D]. 杭州: 浙江大学, 2010:92.

[275] 国际种子检验协会(ISTA) 1996国际种子检验规程[M]. 北京: 中国农业出版社, 1999.

[276] 李合生. 植物生理生化实验原理和技术[M]. 北京: 高等教育出版社, 2000:258-260.

[277] Sommer A L. Copper as an essential for plant growth[J]. Plant Physiology, 1931, 6(2):339-345.

[278] Williamson G B. Richardsond. Bioassays for allelopathy:measuring treatment responses within dependent controls[J]. Journal of Chemical Ecology, 1988, 14(1):181-187.

[279] 吴燕, 高青海. 黄瓜叶片水浸提液对黄瓜、黑籽南瓜种子萌发的影响[J]. 热带作物学报, 2010, 31(12):2218-2223.

[280] 陈淑芳, 曹晓华. 南瓜根系及根部土壤水浸液化感作用研究[J]. 热带作物学报, 2011, 32(12):2268-2273.

[281] 赵玉锦, 王台. 水稻种子萌发过程中 α-淀粉酶与萌发速率关系的分析[J]. 植物学通报, 2001, 18(2):226-230.

[282] Haberlandt G. Die Kleberschicht des Gras –Endosspermsals Diastase ausscheidendes Drüsengewebe[J]. Berichte Deutsche

Botanische Ges ellschaft, 1980, 8:40-48.

[283] 杜秀敏, 殷文璇, 赵彦修, 等. 植物中活性氧的产生及清除机制[J]. 生物工程学报, 2001, 17(2):9-13.

[284] 樊怀福, 郭世荣, 焦彦生, 等. 外源NO对NaCl胁迫下黄瓜幼苗生长、活性氧代谢和光合特性的影响[J]. 生态学报, 2007, 27(2):546-553.

[285] 田娜, 王辉, 米乐, 等. 外源谷胱甘肽对苯丙烯酸胁迫下黄瓜幼苗抗氧化酶活性的影响[J]. 贵州农业科学, 2013, 41(4):37-39.

[286] Dhindsa R S, Plumb-Dhindsa A P, Thorpe T A. Leaf senescence: correlated with increased levels of memebrane permeability and lipid peroxidation, and decreased levels of superoxide dismutase and catalase[J]. Journal of Experimental Botany, 1981, 32:93-101.

[287] 杨志莹, 赵兰勇, 徐宗大. 盐胁迫对玫瑰生长和生理特性的影响[J]. 应用生态学报, 2011, 22(8):1993-1998.

[288] 王芳, 王敬国. 茄子秸秆水提物自毒作用初探[J]. 中国生态农业学报, 2005, 13(2): 51-53.

[289] 乔永旭, 张永平, 高丽红. 根系边缘细胞对肉桂酸胁迫下黄瓜和黑籽南瓜活性氧代谢与根系活力的影响[J]. 中国农业科学, 2015, 48(8):1579-1587.

[290] 明村豪, 蒋芳玲, 王广龙, 等. 黄瓜壮苗指标与辐热积关系的模拟模型[J].农业工程学报, 2012, 28(9):109-113.

[291] 王全智. 嫁接对黄瓜生长、品质和生理特性的影响[D]. 南京: 南京农业大学, 2013:32.

[292] 于威, 颉建明, 滕汉玮. 外源谷胱甘肽对嫁接黄瓜砧穗种子萌发过程中自毒胁迫的缓解效应[J]. 核农学报, 2016, 30(8): 1633–1638.

[293] Farquhar G D, Sharky T D. Stomatal conductance and photosynthesis[J]. Annual Review of Physiology, 1982, 33:317–345.

[294] 余叔文, 汤章城. 植物生理与分子生物学（第二版)[M]. 北京: 科学出版社, 1998:366–389.

[295] He P. Green house effect and plant photosynthesis: an analysis on the influence of CO_2 enrichment on photosynthetic mechanism in plants[J]. Journal of Central South Forestry University, 2001, 21(1):1–4.

[296] 郝建军, 康宗利. 植物生理学[M]. 北京: 化学工业出版社, 2005: 125.

[297] Arnon D I. Copper enzymes in isolated chloroplast polyphenol oxidase in Beta vulgaris L.[J]. Plant Physiology, 1949, 24:1–15.

[298] Demming–Adams B, Adams Ⅲ WW. Xanthophyll cycle and light stress in nature uniform response to excess direct sunlight among higher plant species[J]. Planta, 1996, 198:460–470.

[299] 徐晓昀, 郁继华, 颉建明, 等. 2,4-表油菜素内酯对亚适温弱

光下黄瓜幼苗光合特性和抗氧化系统的影响[J]. 核农学报, 2017, 5(31):979-986.

[300] 刘俊祥, 孙振元, 巨关升, 等. 重金属Cd^{2+}对结缕草叶片光合特性的影响[J]. 核农学报, 2009, 23(6):1050-1053.

[301] Maxwell K, Johnson G N. Chlorophyll fluorescencea practical guide[J]. Journal of Experimental Botany, 2000, 51:659-668.

[302] 封辉. 有机肥对自毒物质作用下黄瓜若干生理指标的影响[D]. 福州: 福建农林大学, 2006:34.

[303] 梁文娟, 王美玲, 艾希珍, 等. 黄瓜幼苗光合作用对亚适温弱光胁迫的适应性[J]. 农业工程学报, 2008, 24(8):240-244.

[304] 刘伟, 艾希珍, 梁文娟, 等. 低温弱光下水杨酸对黄瓜幼苗光合作用及抗氧化酶活性的影响[J]. 应用生态学报, 2009, 20(2):441-445.

[305] 孙惠莉, 吕金印, 贾少磊. 硫对镉胁迫下小白菜叶片AsA-GSH循环和植物络合素含量的影响[J]. 农业环境科学报, 2013, 32(7):1294-1301.

[306] 单长卷, 代海芳. 外源谷胱甘肽对干旱胁迫下玉米幼苗叶片生理特性的影响[J]. 灌溉排水学报, 2016, 35(1):59-62.

[307] 郑俊骞, 孙艳, 韩寿坤, 等. 土壤紧实胁迫对黄瓜抗坏血酸-谷胱甘肽循环的影响[J]. 中国农业学报, 2013, 46(2):433-440.

[308] 沈文飚, 徐郎莱, 叶茂炳. 抗坏血酸过氧化物酶活性测定的

探讨[J]. 植物生理学通讯, 1996, 32(3):203-205.

[309] 郑丙松. 现代植物生理生化研究技术[M]. 北京: 气象出版社, 2006:40-92.

[310] Tanaka K, Suda Y, Kondo N. Ozone tolerance and the ascorbate-dependent hydrogen peroxide decomposing system in chloroplasts[J]. Plant And Cell Physiology, 1985, 26:1425-1431.

[311] Ellman G L. Tissue sulfhydryl groups[J]. Archives of Biochemistry and Biophysics, 1959, 82:70-77.

[312] 林植芳, 李双顺, 林桂珠, 等. 水稻叶片的衰老与超氧物歧化酶活性及脂质过氧化作用的关系[J]. 植物学报, 1984, 26(6):605-615.

[313] 高俊杰, 秦爱国, 于贤昌. 低温胁迫对嫁接黄瓜叶片抗坏血酸-谷胱甘肽循环的影响[J]. 园艺学报, 2009, 36(2):215-220.

[314] 周凯, 郭维明, 王智芳. 菊花不同部位水浸液自毒作用的研究[J]. 西北植物学报, 2008, 28(4):759-764.

[315] Navari-Izzo F, Meneguzzo S, Loggini B. The role of the glutathione system during dehydration of Boea hygroscopica[J]. Physiologia Plantarum, 2010, 99(1):23-30.

[316] Potter G, Horemans N, Bellone S, et al. Dehydroascorbate influences the plant cell cycle through a glutathione-independent reduction mechanism[J]. Plant Physiology, 2004,134 (4):1479-1487.

[317] Asada K. The water-water cycle in chloroplasts: scavenging of

activeoxygens and dissipation of excess photons [J]. Annual Review of Plant Physiology and Plant Molecular Biology, 1999, 50:601–639.